静高压实验原理

Principles of Static High Pressure Experiments

洪时明　刘秀茹　编著

科学出版社
北　京

内 容 简 介

本书系统地介绍了静高压实验（含大腔体高压装置和金刚石压腔）原理和技术，包括高压的产生（含压力源、高压容器与传压介质），高压下压力与温度的测量及标定，高压下物性（含力学、热学、电学、磁学、光学性质）的测量，高压下物质的相变及高压相图，高压下的化学反应，高压下的材料合成等。

本书在介绍实验装置和方法的同时，注重讲解基础概念和基本原理，适合凝聚态物理学、力学、材料学、地球科学等领域相关专业的研究生和本科生学习，也可供相关领域的研究人员和工程技术人员参考。

图书在版编目(CIP)数据

静高压实验原理/洪时明，刘秀茹编著．—北京：科学出版社，2021.6
ISBN 978-7-03-069039-5

Ⅰ.①静… Ⅱ.①洪… ②刘… Ⅲ.①高压装置-实验-教材 Ⅳ.①O521

中国版本图书馆 CIP 数据核字（2021）第 104688 号

责任编辑：周　涵　郭学雯／责任校对：杨　然
责任印制：吴兆东／封面设计：无极书装

科学出版社 出版
北京东黄城根北街 16 号
邮政编码：100717
http://www.sciencep.com
北京虎彩文化传播有限公司 印刷
科学出版社发行　各地新华书店经销
*
2021 年 6 月第　一　版　开本：720×1000　B5
2021 年 10 月第二次印刷　印张：10 1/2　彩插：1
字数：212 000
定价：78.00 元
（如有印装质量问题，我社负责调换）

序

西南交通大学洪时明、刘秀茹两位教授，请我给他们的新书《静高压实验原理》作序。这是我的荣幸，这也让我无比怀念我国动高压研究的开拓者之一的经福谦院士（1929～2012年）。因为西南交通大学高温高压物理研究所，是经先生亲力亲为、一步一步建设起来的，这一本书应该是对他在西南交通大学开创高压科学研究工作的一份回报。

20世纪初，Bridgman在大压机设备上开创的静高压研究，经历了一个世纪，已经发展起包括大压机、金刚石压砧等各类设备以及一整套静高压技术所支撑的静高压科学。各种科学现象都可以被研究，而且可以研究的压力范围也从几GPa扩展到几百GPa。因而，静高压科学也变成了大学、研究所的学习课程。洪、刘两位教授的新书就应运而生了。

《静高压实验原理》用有限的篇幅，全面、简要地介绍了静高压研究的方方面面，很适合凝聚态物理学、力学、材料学、地球科学等专业的研究生和本科生学习，也可供相关领域的科研人员和工程技术人员参考。

在国内，静高压研究的奠基人和开拓者是中国科学院物理研究所的何寿安先生（1923～1989年）。他于1958年开始了高压科学的研究。1959年，何寿安先生在他设计的活塞圆筒高压装置里，创造了4GPa的高压力。同年，他开始设计加工国内第一台多压砧高压装置——四压砧装置，以及大体积流体静压力高压装置。由于何寿安先生的开拓性工作，国内其他单位也纷纷到何先生所在的中国科学院物理研究所学习，从而使静高压研究在中国各处发展起来。高压科学在中国的发展，在很多小的地方都浸透了何寿安先生的心血。比如Bi丝的制造、西山土黄色叶蜡石在高压研究和金刚石工业中的应用，都是他开创的。对于冲击波高压研究，国内的第一台二级轻气炮也是何寿安先生设计完成的。他于1989年因肺癌去世。

在20世纪60年代初，中国科学院地质研究所章元龙先生提出紧装式六面顶压腔装置设想，大约在1963年由该所施良琪先生设计出1000t紧装式六面顶大腔体压机，在上海大隆机械厂加工了三台，这应该是我国六面顶大腔体压机研制的开创之作。之后，1973年由中国科学院地球化学研究所与原一机部第六砂轮厂合作，研制出3000t紧装式六面顶大腔体压机，这台3000t压机直到现在还在满负荷全年无休地运行，为我国大腔体高压实验培养了大批科研人才。

　　20 世纪 70 年代是静高压金刚石压砧技术飞跃发展时期，以美国卡内基研究所的毛河光院士为代表的金刚石压砧高压技术，把全世界的静高压研究推进到一个在压力幅度上完全不同的新高度，同时大大拓展了高压研究的内容。毛河光院士几次访问中国，大力接受国内访问学者、留学生到他所在的卡内基研究所地球物理实验室工作、学习，极大地推动了静高压科学在国内的发展。我个人也得益于这样的环境，在卡内基研究所长期学习、工作，受益良多。

　　20 世纪 70 年代后期，在中国科学院物理研究所何寿安先生、鲍忠兴组长的支持下，我们研究组开始了金刚石压砧技术的探索。几乎在同一个时间，吉林大学的邹广田研究组，中国科学院地球化学研究所的谢鸿森、翁克难研究组都开始了同样的探索。据我所知，在 1978 年中国科学院地球化学研究所就研制出国内第一台仿 Mao-Bell 金刚石压腔装置，1980 年由胡静竹、唐汝明和我撰写的、国内第一篇关于金刚石压砧的研究论文《金刚石压砧高压装置及 I_2 和 S 高压相变的观察》，在《物理学报》发表，标志着国内金刚石压砧的静高压研究的开始。共同的目标让我们团结一致，互通有无。几十年来，在发展祖国的高压研究的目标下，我们努力工作、互相支持，建立了常人难以想象的友谊。几十年来，我们享受这一友谊，友谊长存。

　　在我们开始这一研究的初期，最大的问题就是国内没有人知道如何生产金刚石压砧。我请我们研究组的胡静竹到上海寻找可以生产金刚石压砧的专家，她找到了上海钻石厂的金仕禄先生。在了解到生产金刚石压砧的意义后，金先生义无反顾地支持我们，开始在他的工厂里，试验制备金刚石压砧。在这以后的年年月月，他和他的弟子孙如淞先生一起一直工作在这一领域里。他们都是中国静高压科学几十年发展的当之无愧的功臣。

　　到目前为止，在世界范围内，人造金刚石的产量已经是全部金刚石产量的90%，而且，中国生产的人造金刚石已经占世界金刚石总产量的 90%，彻底甩掉了中国缺乏金刚石资源的帽子。人造金刚石的大规模生产无疑是中国的静高压科学家对社会、国家和世界做出的最大贡献。

　　目前，中国产的人造金刚石大都由书中所称的铰链式六面顶压机完成，这种压机生产工业金刚石是由国内自行设计、自行摸索形成的生产工艺，因而，得到了国内最广泛的应用。过去，这种压机的金刚石生长区域比较小，压力、温度均匀区域也比较小，在这样条件下生长的金刚石的标度也就比较小，晶体的质量相对差一些。由于近年来生产技术的不断改进，大型立方体（或六压砧）压机得到应用（6×4000t 以上压机），已形成每次 250～500 克拉（carat，1 克拉＝0.2 克）的生产能力，实现了优质大颗粒金刚石的大规模生产。优质、大颗粒的金刚石已不再需要进口，但是，金刚石生长的机理仍然是国内外高压科学研究的重要课题。

这种具有中国特色的压机在本书中的介绍也许过于简略，另外，一些中国静高压科学家在进行静高压实验当中的特殊创造，比如在金刚石压砧实验当中，手工制备硬质合金微细工具用来在不锈钢垫片中心形成样品孔的内容，也许可以在本书以后的再版中，增加篇幅，给予更加仔细的描述。

实际上，Bridgman的大部分工作是缘于第二次世界大战时期国防的需要，静高压物理的发展过程属于武器物理的范畴。即使至今，记录到的最高压力还是由爆炸过程产生的，静高压研究为这些过程的研究提供了有用信息。另外，我们赖以生存的地球的内部压力很高，高压研究的发展使我们对于这种环境下材料的性质有更深刻的认识，帮助我们深入了解地球的内部环境。这也正是很多高压物理研究领域的贡献来自于地学科学家的原因。

在这个庚子年间，我们已经迎来改变世界的硅的时代发展的顶峰，在它的芯片工艺上，几乎达到了一纳米的极限。未来的碳的时代应该是年轻一代的高压科学家发挥他们的聪明才智的广阔天地。希望寄托在他们身上！

在撰写这一篇序的过程中，曾经跟邹广田院士、谢鸿森研究员进行过讨论，并得到陈良辰、车荣钲、胡静竹、王莉君等研究员的帮助，也请教过凌和生、成明珍、吴荷珍、吴述扬和吴樟植等专家学者，一并致谢。

徐济安

2021年2月12日

农历辛丑年正月初一

前　　言

近年来，高压科学与技术发展非常迅速，取得了许多重要成果，越来越多的人投入到该领域的研究和开发中。笔者也在这方面长期从事实验工作，在科研和教学以及与同行交流的过程中，深感需要有一本较为全面系统的专门介绍静高压实验基本原理的中文书。于是，我们根据自己所积累的知识和体会，经过十余年努力，编著了这本书。

全书可分为三部分：第一部分为实验方法及其基本原理，包括前三章，介绍实验室中高压的产生、压力温度的测量与标定、高压下的物性测量等。第二部分属于基础研究，包括第 4 章的高压相变、高压相图、高压下的化学反应。第三部分属于应用基础研究，第 5 章主要以合成金刚石为例，介绍了高压下材料合成的原理。其中，洪时明主要撰写与大腔体加压装置相关的内容，刘秀茹主要撰写与金刚石压腔相关的内容。在写作中，我们力图在介绍实验装置和方法的同时，澄清和疏理相关的基本概念和原理，尽量给出一个清晰的知识体系。另外，本书也包含作者自己的研究成果，愿这些内容能给读者带去一些帮助。

作者曾先后得到多项国家自然科学基金面上项目、青年科学基金、教育部博士点专项基金，以及西南交通大学"211 建设项目"的支持，实验室建设也得到中国工程物理研究院的支持。已故前辈经福谦院士对这些工作给予过长期关心和鼓励。本书中与金刚石压腔相关的内容曾得到美国夏威夷大学明立中教授的指导。在实验室自行研制的大型设备安装和调试中，罗建太高级工程师、陈丽英博士等都做出过重要贡献。此外，刘福生教授在实验室工作、王文丹博士在信息检索等方面给予了热情帮助，相关工作也得到屈树新教授的有力协助。作者在此表示诚挚的感谢！

徐济安先生曾对本实验室研究工作给予过具体的指导，并在百忙中接受我们的邀请，同意为本书写序，作者深感荣幸。本书的出版还得到麦永俦先生，以及桂林桂冶机械股份有限公司郭滇生高级工程师等的大力支持。作者在此深表感谢。

本书中所有内容都尽量给出参考文献，以便读者在对某个具体问题感兴趣时进一步考察。

作者水平有限，难免疏漏，望读者不吝指正。

洪时明　刘秀茹

2020 年 11 月 29 日

目　　录

彩图

引　言

单位面积受力的大小称为压强，在力学和多数工程学科中，压强也称压力。根据压力加载过程的快慢，高压实验目前被分为"动高压"和"静高压"两大类。前者加压速率足够快，可视为绝热压缩过程；而后者加压速率足够慢，可视为等温压缩过程。静高压也常指压力保持恒定不变的过程。本书主要介绍静高压实验，若无特别说明，文中"高压"都指静高压，"压力"均表示压强。

人类生活在一个标准大气压左右的环境中，这种条件非常狭窄，因此我们从周围环境中获取的知识是相当有限的。标准大气压作为压力单位可表示为atm，简称大气压。自然界中的大部分物质都处在更高的压力中，产生高压的原因主要是万有引力（重力）。例如，海洋深处压力可达约 1000 大气压，地壳底部处于 2000～20000 大气压范围，上下地幔交界处约有 26 万大气压，地核与地幔交界处约有 136 万大气压，地球中心约为 360 万大气压，木星内部可达到 5000 万大气压，白矮星内部可高达 1 亿大气压以上等[1-8]。

此外，自然界中也存在由高速碰撞引起的"动高压"事件，如陨石落地时产生冲击高压。巨大的陨石在与地面接触的短时间内压力可达到数十万标准大气压。这种现象的原因可归结为物体运动的惯性，而空间物体冲撞地球的过程也与万有引力有关。

总之，自然界中更高压力环境下物质的结构、状态、性质及其变化规律还远远没有被人类了解清楚。高压科学正是以探索这些奥秘为目的的一门学问。

人类对压力的认识是伴随力学、热学和原子分子物理学的发展逐步深入的。特别是工业革命以来，实验技术迅速提高，实现的压力范围越来越宽。物质在高压下的状态和性质引起了科学家们的关注，越来越多的人投入到对高压科学与技术的研究中。

早在 1653 年，法国数学家兼物理学家布莱瑟·帕斯卡（Blaise Pascal，

1623～1662 年）就提出密闭流体中压强传递的原理（帕斯卡定律）。可见当时压强的概念已相当完备。这一著名的定律成为后来各种液压设备的基本原理，至今在静高压实验和工业生产中都得到广泛应用。为纪念他，人们用 Pascal（简称 Pa，1atm＝101325Pa）作为压强的国际制单位[1-5]。

1662 年，英国化学家兼物理学家玻意耳（Boyle R，1627～1691 年）发表实验气体定律（后称：玻意耳-马里奥特定律），即在一定温度下气体的压力和体积成反比。这一定律与后来的查理（Charles，1787 年）定律和盖吕萨克（Gay-Lussac，1802 年）定律结合，理想气体状态方程被表述为 $pV＝RT$。后来范德瓦耳斯（van der Waals，1873 年）进一步考虑了分子间相互作用，建立了实际气体状态方程。值得注意的是：从气体状态方程的研究开始，人们就已经把压力作为一个与温度和组分同等重要的独立参数去考虑了。只是由于当时实验技术的限制，人们对物质体系压力效应的研究基本上仅局限于气体，而液体和固体则曾被认为是不可压缩的[1,2,4,8]。

1762～1764 年，Canton 首先用实验表明：水是可以被压缩的。此后很长一段时期，一直到 19 世纪末，人们对压力引起的液体的变化开展了持续的研究。包括液体的压缩率、高压下的折射率、气液相变、固液相变、电解质的导电率等。在数百个标准大气压的范围内，发现了许多有趣的现象，如临界点的发现。Andrews（1861 年）对这一现象的研究掀起了很大的热潮。至今，有关临界现象的研究无论在基础科学领域还是在应用技术领域都具有重要的价值[1-8]。

这期间，科学家们制作过一些奇特的实验装置。例如，Perkins 利用大炮的炮管作为压力容器管，将其沉入海中某个确定深度处获得相当准确的压力，并在 100 标准大气压以上的压力下开展实验。Cailletet 曾利用埃菲尔铁塔，Amagat 还利用矿井，竖起很高的水银柱，精确地产生更高的压力。此外，研究者们还采用加热方法，以及机械方法来产生高压。再后来，发明了气体压缩机、液压泵等，这些方法也有利于缩小高压装置所占空间[1-8]。

1859～1910 年，人们已经可在实验室里实现数千标准大气压的压力，加上光学窗口、电极以及自由活塞压力计的使用，取得了一系列实验结果。这期间著名的研究者有 Amagat、Pait、Roentgen、Tammann、Cohen、Lusanna 等[1-8]。

随着实验技术的提高，人们发现固体也是可以被压缩的。1880 年 Buchanan 做了第一个固体压缩实验，1881 年 Roentgen 等测定了 NaCl 固体的压缩率。1903～1928 年，Richards 调查了大量元素的压缩率，并注意到它们的周期性关系。他的工作强调了"可压缩的原子"的概念，尽管这一概念主要还是在原子物理学领域发展的结果[1-8]。

20 世纪初，美国华盛顿地质实验室系统地开展了与地球物理相关的高压研究，包括确定大量矿物的压缩率，以及高压高温下矿物形成的反应等。该实验室在高压技术的改进上也做出了许多贡献。另外，Michels 在荷兰的范德瓦耳斯研究所做了一系列精确的有关流体物性的实验，所发表的数据至今仍具有相当高的参考价值[1-8]。

1906 年，当时的哈佛大学研究生 Bridgman（1882～1961 年）开始了他卓越的实验研究，取得了一系列重要成果。首先，他在实验技术上成功地解决了两个重要难题：一是发明了无支承面自密封装置，解决了高压下传压介质泄漏的问题；二是采用具有高耐压强度的碳化钨材料制作压力容器，并采用"外部支持"等方法，明显提高了压力容器的性能，从而大大扩展了实验的压力范围。1908 年他首先在实验室内实现 1 万标准大气压（约 1GPa）的压力，1937 年提高到 5GPa，1941 年达到 10GPa 的高压力[1-8]。

除了在高压技术方面的一系列创造性工作以外，Bridgman 还利用他的高压装置研究了许多物质在高压下的物理性质，包括导电性、导热性、压缩性、黏滞性、抗张强度等。他发现了几十种物质在高压下前所未知的特性，特别是确立了凝聚态物质普遍存在由压力引起的一级相变。在 Bridgman 从事研究时，固体物理学尚处在发展初期，他的许多实验结果到后来才得到理论上的解释。他取得的数据对固体物理学的发展很有价值，对地球物理学研究也有重要意义。1946 年，诺贝尔物理学奖授予了 Bridgman，以表彰他在超高压实验设备和方法，以及在高压物理学领域所做的重大贡献[1-8]。

1952 年，Bridgman 还发明了平面对顶压砧装置，可以稳定保持 10GPa 的压力，且操作和测量都比较方便，其原理对后来的高压实验技术发展起到了关键性作用[2-9]。

继 Bridgman 杰出的工作之后，高压实验技术和高压物理学研究迅速发展。科学家们发明了 Belt 式装置、多面体压砧、多级压砧等新型高压装置[2-8]。特别是金刚石压腔（diamond anvil cell，DAC）装置的成功，使高压科学研究进入了全新的境界[10,11]。

在 DAC 装置高压技术方面，美国卡内基研究院的 Mao 等做出了突出贡献。1970 年前后这种装置产生的压力约为 30GPa，1978 年达到 172GPa[10]，1985 年达到 280GPa，1986 年达到 550GPa[12]，比地球中心压力还高许多。同时，利用金刚石压砧本身宽广的透明性，开发了高压下激光加热技术、红宝石荧光测压技术以及包括 X 射线衍射在内的多种高压原位分析技术[12,13]。科学家们的努力不仅大大扩展了实验压力条件范围，而且可以直接获取高压下原子与分子以及晶体等微观结构的许多信息。

在过去几十年中，高压实验在地球科学、行星科学、材料科学和凝聚态物理学等领域取得了许多重要的科学发现和应用成果。例如，1955 年金刚石高压合成的成功[14]；20 世纪 60 年代发现半导体物质在高压下的金属化相变[3]；20 世纪 80 年代以来发现非晶到非晶的多形态相变[15]、压力引起的超导转变[16]，以及在高压下多种具有奇异结构的新物质[17]；2015～2020 年发现的高压室温的超导体等[18-20]。

目前，人们不仅能够在实验室里产生数百 GPa 的静高压、1000GPa 以上的动高压，而且发明了各种在线测量的方法。特别是高压技术与低温技术、激光加热技术、同步辐射 X 射线衍射及成像技术等相结合，能够在相当宽的温度和压力范围内开展力、热、磁、光、电等物性检测，以及对物质结构变化的精确分析与表征[21,22]。

近年来，科学家们更清楚地认识到：高压已不仅仅是一种实验手段或极限条件，而是决定物质体系结构、状态和性能的一个新的基本维度。压力与温度、化学组分一样，对整个物质世界具有普遍性的作用[23]。可以说，理、化、天、地、生等自然科学的所有领域如果忽视了对高压这一维度的研究，都是重要的缺失。近年来，我国和许多国家都建立了国际性的高压实验研究基地，开展了广泛的合作，以促进这一领域科学研究的发展。

参 考 文 献

[1] Bridgman P W. The Physics of High Pressure. London：G. Bell & Sons, 1952：1-29.

[2] Bundy F P. Modern Very High Pressure Techniques. London：Butterworths, 1962：1-24.

[3] Drickamer H G, Seitz F, Turnbull D. Solid State Physics. New York：Academic Press, 1966.

[4] 秋本俊一. 極端条件技術. 東京：朝倉書店, 1967：147-192.

[5] 大杉治郎, 小野寺昭史, 原公彦他. 高圧実験技術とその応用. 東京：丸善株式会社, 1969：1-8.

[6] Wentorf R H. Advanced in High-Pressure Research. London：Academic Press, 1974：249-281.

[7] 秋本俊一, 水谷仁. 地球の物質科学Ⅰ. 東京：岩波書店, 1978.

[8] 大杉治郎. 超高圧と化学. 東京：学会出版センター, 1979.

[9] Bridgman P W. The resistance of 72 elements, alloys and compounds to 100000kg/cm². Proc. Amer. Acad. Arts Sci., 1952, 81 (4)：165, 167-251.

[10] Mao H K, Bell P M. High-pressure physics：sustained static generation of 1.36 to 1.72 megabars. Science, 1978, 200：1145-1147.

[11] Hemley R J, Mao H K. High Pressure Phenomena. Amsterdam, Oxford, Tokyo, Washington：IOS Press, 2002：3-40.

[12] Xu J A, Mao H K, Bell P M. High-pressure ruby and diamond fluorescence: observations at 0. 21 to 0. 55 terapascal. Science, 1986, 232: 1404 - 1406.

[13] Eremets M I. High Pressure Experimental Methods. Oxford: Oxford Univ. Press, 1996.

[14] Bundy F P, Hall H T, Strong H M, et al. Man-made diamonds. Nature, 1955, 176: 51 - 55.

[15] Mishima O, Calvert L D, Whalley E. An apparently first-order transition between two amorphous phases of ice induced by pressure. Nature, 1985, 314: 76 - 78.

[16] Chu C W, Gao L, Chen F, et al. Superconductivity above 150 K in $HgBa_2Ca_2Cu_3O_{8+\delta}$ at high pressures. Nature, 1993, 365: 323 - 325.

[17] Degtyareva O, Gregoryanz E, Somayazulu M, et al. Novel chain structures in group Ⅵ elements. Nature Mat. , 2005, 4: 152 - 155.

[18] Drozdov A P, Eremets M I, Troyan I A, et al. Conventional superconductivity at 203 Kelvin at high pressures in the sulfur hydride system. Nature, 2015, 525: 73 - 76.

[19] Somayazulu M, Ahart M, Mishra A K, et al. Evidence for superconductivity above 260K in lanthanum superhydride at megabar pressures. Phys. Rev. Lett. , 2019, 122: 027001.

[20] Snider E, Dasenbrock-Gammon N, McBride R, et al. Room-temperature superconductivity in a carbonaceous sulfur hydride. Nature, 2020, 586 (7829): 373 - 377.

[21] 谢鸿森. 地球深部物质科学导论. 北京: 科学出版社, 1997.

[22] 郑海飞. 金刚石压砧高温高压实验技术及其应用. 北京: 科学出版社, 2014.

[23] Mao H K, Hemley R J. The high-pressure dimension in earth and planetary science. PNAS, 2007, 104 (22): 9114, 9115.

第 1 章
大腔体高压装置

1.1　产生静高压的方法

如前所述，天体内部的超高压是由大量物质因万有引力聚积而产生的。由于在这样的物质聚积过程中，重力势能转变成热能，故天体内部通常都处于高温高压状态。除引力以外，自然界中也存在其他因素可以引起高压。例如，温度变化引起热膨胀或相变使物质密度变化导致挤压，地壳运动造成板块对撞，天体内部化学反应或核反应，以及生命活动等都可能引起局部的高压。

但自然界中产生高压的方式在实验室中不容易实施，未成为普遍实用的方法。历史上人们发明过许多加压方式，其原理各有不同。到目前为止，实验室中产生静高压的装置大体可分为两大类。

第一类，以硬质材料模具或压砧构成的大型高压装置，通常靠液压机械驱动，其高压腔体积相对较大，故被称为"大腔体高压装置"或"大压机"。这类装置便于进行电学、热学、声学等在线测量，且能回收到体积较大的样品，故尽管其压力范围相对较低，但是仍在高压物性研究和新材料合成等方面得到广泛应用。

第二类，以 DAC 为主的超高压装置，特点是体积小而压力高，压砧透光范围宽，便于结合多种在线分析测量，有利于研究超高压下物质微观结构的变化。DAC 装置的原理和技术将在第 3 章中介绍。

无论哪种类型，实验室中的静高压装置都需要具备三个基本条件才能产生和维持高压。一是压力源；二是高压容器（模具或压砧）；三是传压介质和密封介质。本章主要介绍与"大压机"相关的这些条件如何实现。

1.1.1　压力单位及其换算关系

目前国际标准压力单位是 Pascal，许多国际学术刊物要求在投稿论文中使用这种单位，本书也遵此规则。但由于时代和地区的习惯与规定不同，在文献和技术资料以及压力设备中常见以下几种压力单位，为了使用方便，现将这些单位之间的换算关系归纳如表 1-1 所示。

表 1-1　压力单位及其换算关系

Pa（SI）	bar	atm	kg/cm²	psi*
1	1.00000×10^{-5}	9.86923×10^{-6}	1.01972×10^{-5}	1.45038×10^{-4}
1.00000×10^{5}	1	9.86923×10^{-1}	1.01972	14.5038
1.01325×10^{5}	1.01325	1	1.03323	14.6960
9.80665×10^{4}	9.80665×10^{-1}	9.67841×10^{-1}	1	14.2233
6.89476×10^{3}	6.89476×10^{-2}	6.80460×10^{-2}	7.03072×10^{-2}	1

注：* psi 代表磅力每平方英寸。

在实际工作或阅读中，作为快速估算或比较的方法，可参考下列近似关系：$1MPa=10bar\approx10atm$；$1GPa=10kbar\approx10000atm$。

1.1.2　实验室中的压力源

引言中所提到的历史上的大型实验，如深海中的炮管实验、埃菲尔铁塔或矿井的高水银柱实验，本质上是利用重力（万有引力）。这些实验成本高，且达到的压力也很有限。没有得到普遍的应用推广。

根据压力的定义：压力（压强）＝力/面积，我们知道只要让较大的力施加到较小的面积上就可产生较高的压强。通常实验室中提供这种作用力的力源可分为两类：一是机械力；二是液体压力。

（1）机械力：利用杠杆、弹簧、螺杆或蜗轮蜗杆等机械装置及其组合产生的作用力。这样的力源比起液压系统相对简单，且较易于稳定控制，但可能由于所占空间较大，目前在大压机中使用得并不多。尽管如此，机械力源在 DAC 装置中却得到了充分且精巧的使用。这类装置的机械结构可参考相关文献 [1] ～ [3]。

（2）液体压力：靠密闭液体传递压强的特性来产生的作用力。实际上要提高液体压力，仍然需要机械力、电磁力、化学反应等带来的驱动力。例如，液压千斤顶要靠人力加杠杆传递，油泵要靠电动机或内燃机带动，还有一种螺杆式油泵则是靠电机通过多级蜗轮蜗杆系统缓慢驱动活塞来压缩密闭在腔内的油产生压力等。但无论如何，这类力源最终是通过液体压力来体现的。

凡是靠液压提供压力源的实验装置，其液压系统的密封技术是基本的问题。这方面已有许多专门的教科书和技术规范可供参考，本书不作介绍。

各种液压装置中，液压传递的基本原理是帕斯卡定律，即密闭容器中的静止流体，能把加在其任一部分的压强，按照原来的大小传向各处。密闭流体能够传递压强的这种特性，是流体在静止时任何一个局部所受合力应为零的必然结果。这一原理的前提条件是忽略了液体本身的黏性和重力。

利用液体的这种特性，只要在较小面积活塞上施加不太大的力，就可以在液体中产生较高的压强，从而在连通器中另一个大面积活塞上产生较大的力。这就是一般液压机的原理（图1-1）。

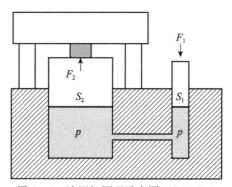

图1-1 液压机原理示意图（$F_2 > F_1$）

另外，我们可以在较大面积活塞上通过相对不高的压强产生一个较大的作用力，再将大活塞产生的力通过机械连接传递到另一个小面积活塞上，在另一个密闭液体的腔体中产生较高的压强。这就是一种增压器的原理（图1-2）。这种方法在大压机上常有应用。

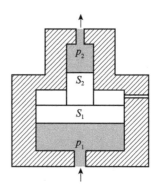

图1-2 增压器原理示意图（$p_2 > p_1$）

1.1.3　高压容器的结构与加压方式

　　无论是上述的机械传动还是液压传动，其目的还只是提供一个作用力。高压实验需要将这样的力施加在一个密闭的可压缩的腔体内以产生高压。要实现这样的高压，需要有足够高强度的载体（压砧）或容器（模具），我们把这些承受高压的前端部件统称为"高压容器"，以与其他支撑和传动部分相区别。高压容器必须具有能缩小容积的功能，否则无法实现对样品的压缩，因此它不能是单一部件，而应是多个部件的组合。高压容器的材料都有自身屈服强度的限制，超过这种限制，容器就被破坏，不能保持压力。关于单纯压缩或拉伸情况下材料的应力应变关系，在材料力学教科书中都有介绍。这里需要说明的是：在高压容器中，不同部件或同一部件不同位置所经受的拉伸或压缩情况不是单纯的，其应力分布及其演变与高压条件和周边材料密切相关。下面介绍几种高压容器。

　　1）活塞圆筒及相关装置

　　活塞圆筒（piston-cylinder）是最早使用的一种压力容器，至今仍在许多实验研究中被使用。原理上可通过在活塞上施加外力使圆筒内的密封物质中产生压力，在忽略摩擦力和容器形变的前提下可以直接通过外力和活塞顶端面积来估算压力。但在高压下，存在活塞圆筒形变带来的泄漏问题，以及材料屈服强度对压力的限制。因此，尽可能采用具有较高屈服强度的材料来制作。例如，采用碳化钨硬质合金的活塞圆筒最高可产生大约 5GPa 的压力。简单活塞圆筒装置的受力情况如图 1-3 所示。

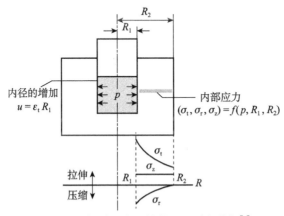

图 1-3　简单活塞圆筒装置的受力分析[4]

　　图 1-3 给出了活塞圆筒装置中圆筒径向形变和不同方向上的应力分布。其中 σ_t、σ_r、σ_z 分别表示切向、径向、轴向的应力，对于单一材料这些应力是圆筒内、

外半径（R_1 和 R_2）和内部压力（p_1）的函数，ε_t 表示应变率。实验证明，圆筒外内半径的比（R_2/R_1）与破坏压力（p_b）之间在一定压力范围内呈线性关系。采用较大的外内半径比可有效提高圆筒承受的极限压力，但高过一定程度后其效果则不再明显。在更高压力下，圆筒形变及引起泄漏等问题都会限制压力进一步提高。另外，中部活塞受力情况相对简单，但其屈服强度也会影响并限制压力的提高。

针对活塞圆筒的密封和屈服强度的限制等问题，前人研究了许多对策，其中，Bridgman 做出了一系列特别重要的贡献。

第一个对策是所谓"无支承面密封"（unsupported area seal）技术[5]。其原理如图 1-4 所示。在活塞底端开一个圆孔，与一个可滑动的倒置蘑菇状压头配合，活塞底端受力面积减去圆孔后即小于压头底端面积，其间夹一层相对软且更具弹性的环形密封圈。密封圈内、外直径分别为 d 和 D（$D>d$），当压头底面承受压强为 p_1 时，密封圈表面所承受的压强应为 $p_2=\dfrac{D^2}{D^2-d^2}p_1>p_1$，密封圈径向对圆筒内壁的压强为 $p_3\approx p_2>p_1$，因此，密封圈就能有效防止圆筒内液体的泄漏。

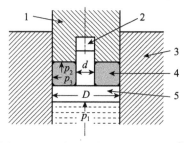

图 1-4　无支承面密封原理示意图[5]

1：活塞；2：空孔；3：圆筒；4：密封圈；5：压头

第二个对策是所谓"可变外部支撑"（variable external support）技术[6]。即将活塞及圆筒各压入相配的锥形外套，使其产生径向的预应力，这种嵌压过程可以在加压过程中实现（图 1-5），也可以预先压入，还可以多层嵌套。合理使用这一原理可以明显提高活塞圆筒装置承受的极限压力。

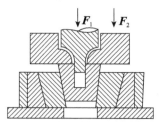

图 1-5　可变外部支撑装置原理示意图[5]

第三个对策是"多级活塞"（multi-stage）技术[6,7]。其原理如图 1-6 所示，这是通过大小两级活塞加压，这不仅是为了提高小活塞上的压力，而且是让第二级活塞处于圆筒之外的部分周围有压缩率较高的介质保护，使第二级活塞各部分应力梯度尽可能减小，以提高其承受高压的限度。

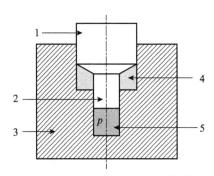

图 1-6　两级活塞圆筒装置[6,7]

1：一级活塞；2：二级活塞，3：圆筒；4：传压介质；5：样品腔

Bridgman 将无支承面密封技术用于管接头、孔塞和活塞的密封，1910 年他把活塞圆筒装置的压力提高到 2.0GPa；进而，他采用碳化钨材料加上可变外部支撑技术，1937 年达到 5.0GPa；后来，他采用多级活塞，1941 年达到约 10GPa。

2）平面对顶压砧及相关装置

Bridgman 获得诺贝尔奖之后，他又发明了平面对顶压砧（flat face supported anvil，简称 flat anvil）[8]，后称为"Bridgman 压砧"，压力可达 10GPa 以上。这种装置结构简单，靠两个圆台型的硬质合金压砧端面平行对压，在受压垫片中心区域的样品腔产生高压，其结构如图 1-7 所示。

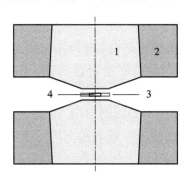

图 1-7　Bridgman 式平面对顶压砧[8]

1：硬质合金平面对顶压砧；2：钢环；3：封垫圆片；4：样品腔

Bridgman 把平面对顶压砧的原理称为"质量支持（massive support）原

理"，可理解为：压砧后部所占质量大而前端承受高压部分的质量小，这种形状上的变化导致应力分布改变，可大大提高压砧的屈服强度，从而提高端面中部所承受的压力。这样的压力集中在压砧间的垫片上，呈中部高外沿低的中心对称分布，主要是靠垫片材料的剪切强度随压力上升而增高的性质来实现并维持的，相关原理在 1.1.5 节介绍。在 Bridgman 之后，在这种原理基础上发展起来的 DAC 装置在更高压力范围的实验研究中发挥了极其重要的作用。

当 Bridgman 压砧间压力超过一定限度时，压砧端面仍要发生不可逆变形以致破坏。如果让压砧周围暴露的侧面再受到一个均匀的保护压力，减小压砧各部间的应力梯度，还可以相当程度地抑制压砧的破坏，进一步提高所产生的压力。这就是所谓的"侧面支持（lateral support）原理"。将这些原理很好地组合起来可以达到单纯材料屈服强度的若干倍的压力。Balchan 和 Drickamer 采用这种原理让压砧处于传压介质的包围中，达到 15GPa 以上的压力[9]。图 1-8 是 Drickamer 式压力模具示意图，这种装置可以看成平面对顶压砧与活塞圆筒的组合。

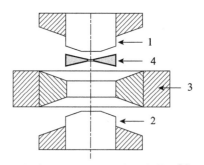

图 1-8　Drickamer 式压力模具[9]

1：上压砧；2：下压砧；3：圆筒；4：传压介质

2016 年，洪时明等针对圆形端面平面对顶压砧装置中压力径向梯度较大的问题，探索了一种长条形端面的平面对顶压砧，图 1-9 为这种压砧的示意图[10]，相应的封垫也改为长条形。原理上，这种压砧可在沿长条形中心线的狭长区域内产生均匀分布的高压力，如图 1-9（e）所示。采用长 20mm、宽 5mm 长条形端面的硬质合金压砧配合叶蜡石封垫进行了压力标定实验，结果显示：这种尺寸的装置可产生 12GPa 以上的高压，在长条形中心线上至少 12mm 长度范围内不同位置的压力相差很小：在 2.55GPa 压力下，各点测量偏差小于 2.0%，7.7GPa 下测量偏差小于 3.6%。这种特点有利于对细长样品进行高压物性研究[10]。

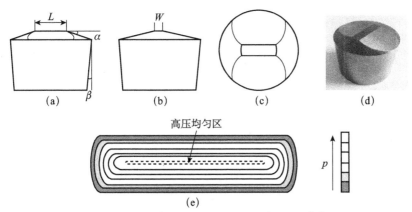

图 1-9　长条形端面平面对顶压砧示意图[10]

(a) 主视图；(b) 侧视图；(c) 俯视图；(d) 压砧立体图；(e) 长条形压砧间封垫内部的压力（p）
分布示意图，划分的压力区域界线有助于理解，实际压力为连续渐变。参看 1.1.5 节

3）皮带式高压装置[11-13]

皮带式高压装置（belt apparatus）看似是活塞圆筒装置的变形，但历史上却是在改进平面对顶压砧的过程中发明出来的。

起初，考虑到平面对顶压砧间垫片和样品腔厚度受限，且硬质合金压砧的高导热性不利于高温条件的发生和维持，美国通用电气（GE）公司实验室开发出一种凹面对顶压砧（cupped avil），结构如图 1-10 所示。压砧中部制成带凸边的凹坑，可增加中部样品腔的厚度；另外，在压砧端面中部嵌入陶瓷材料，以减少散热，提高腔内温度。但由于在加压时，上下凸边间狭缝距离限制了压砧整体的位移量，因此中部能产生的压力不高，只是有利于产生高温。

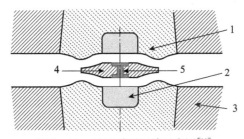

图 1-10　凹面对顶压砧示意图[11]

1：凹面压砧；2：Al_2O_3 陶瓷压头；3：钢环；4：封垫；5：石墨加热件

为了增加压缩位移量，Hall 提出凸凹压砧对压的方式，如图 1-11 所示。这种装置运行时，周边倾斜的狭缝间垫片厚度改变量 N 始终小于上下压砧相互间位移量 S，这样就给样品空间的轴向压缩带来更大余地；加上采用石材与金属叠层组合的垫片等技术，明显提高了所产生的压力。

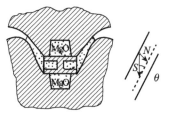

图 1-11　凸凹压砧式装置示意图[11]

在此基础上，Hall 进一步将一组凸凹压砧和另一组倒置的凸凹压砧按上下对称方式组合起来，并使中部两个凹模连通成为一个圆环，这样，样品空间高度增加为两倍，压缩位移量也相应增加[11]。为了使模具能承受更高压力，在圆环和压砧外围都采用了预压固紧的箍套，这种形状特别的圆环形部件当时被称为 "Belt"，这个称呼一直被沿用至今。

图 1-12 是经 Hall 优化后的 "Belt 式高压装置"。上下压砧为对称的带圆弧面的锥体，压砧之间有双面带喇叭口的圆筒模具，圆筒模具外加有多层箍套，以提高其屈服强度[12]。加压过程中，压砧与圆筒模具间靠叶蜡石等密封介质和传压介质支撑并绝缘，中部样品腔明显扩大，且有更多的压缩余地，以产生更高压力。中部安放加热管，通过对加热功率的控制可在高压腔内产生并维持高温条件。美国通用电气公司最初实现人工合成金刚石的大多数实验就是在这种装置上进行的。后来，这种装置被使用得相当普遍，在科学研究和工业生产中都发挥了重要作用。

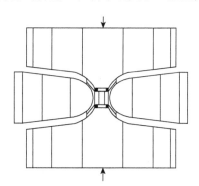

图 1-12　Belt 式高压装置示意图[12]

4）多压砧加压方式

多压砧（mult-anvil）加压方式类型较多，可以归纳为：多个相同压砧分别从垂直于正多面体各面的方向上同时朝中心压缩的加载方式。主要包括正四面体、正六面体、正八面体这几种方式。

其中，正四面体方式有 Hall 开发的独立油缸推动式[14]，还有美国国家标准局（NBS）推出的环形箍套约束上一下三压砧单轴对压式[15]。

正六面体加压方式有许多种，包括：分割球式[16,17]、独立油缸六面推进式[18]、单轴驱动环形箍套约束上三下三压砧式[19]、单轴驱动上下压砧与斜面推动周围四压砧同步运行式[20,21]、球面底座约束式[22]、剪臂驱动式[23]，以及带 V 形槽可调滑块式上三下三的六面顶装置[24] 等。图 1-13～图 1-16 分别给出了几种不同类型的装置示意图。

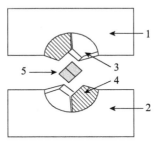

图 1-13 球面底座约束式六面体压砧装置示意图[22]

1、2：球面底座；3、4：压砧；5：传压介质（含样品）

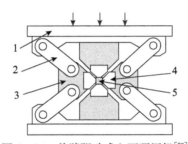

图 1-14 剪臂驱动式六面顶压机[23]

1：压板；2：剪臂；3：压砧座；4：压砧；5：传压介质（含样品）

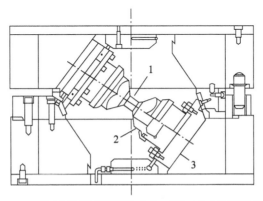

图 1-15 带 V 形槽可调滑块式上三下三的六面顶装置[24]

1：叶蜡石立方块（含样品）；2：压砧（含箍套）；3：V 形滑槽

独立油缸六面顶压机在我国得到持续的研制和改进，并得到广泛应用[25]。这种压机是以六个对称分布的油缸分别同时推动各自的压砧，在三个相互垂直的方向上对中部正六面体样品进行加压。各油缸既可独立运行，又可连通升压。整体具有升压速率快、运行效率高、操作方便等特点。特别是在六缸体相互连接上，采用了结构稳固的铰链式支架，所以又被称为"铰链式六面顶压机"。这种压机的关键问题在于预压和升压阶段中如何保持六个压砧运行的同步性。近年来，经过不断改进，在压砧位置精度和六缸同步性等性能方面已有明显提高。事实上，这种六面顶压机已在合成金刚石等超硬材料普通产品的工业生产中显出很大优势，并且还在金刚石大单晶生长中得以稳定地运用。其基本结构如图1-16所示。

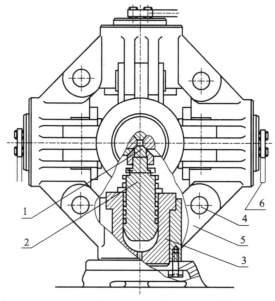

图1-16　铰链式六面顶压机示意图[25]
1：压砧；2：活塞；3：油缸；4：连接栓；5：连接架；6：油管

正八面体加压方式相对复杂，结构上看似最理想化的装置是采用分割球式的八块对称压砧，在压砧与球心中部所含样品组装好之后，整体被封入球形橡皮套中，再放到大油压缸内进行加压[26]。这种方式体现了让样品周围各方向受力情况尽量对等，近似于球体的收缩，加压中，每个压砧处于几乎同等的受力状态[26]。

但目前，更普遍被使用的方式则是通过两级压砧来加压。即采用正六面体的压砧作为一级压砧，在被压空间中放置八块较小的立方体作为二级压砧，每块二级压砧靠中部的顶角处被截成正三角形端面，组成一个正八面体空间，其中放置正八面体样品组装[22,27,28]。这类方式又被称为"六含八"式（或6-8方式），可明显提高所产生的压力。6-8方式已被用到上述各种不同驱动方式的正六面体装置中，按六个一级压砧的驱动方式的不同可分为不同类型。但无论采用哪种正六面体装置作为一级压砧，其二级压砧的结构和中部正八面体的样品组装并没有实质性的差别。

图1-17是Walcker等发明的一种环形约束楔块式二级加压装置的示意图[27,28]。这种装置在环形箍套中依次安放压砧和样品，操作方便，结构稳定，在加压过程中，各压砧和样品间易保持均衡的位置。目前这种装置被使用得相当普遍。

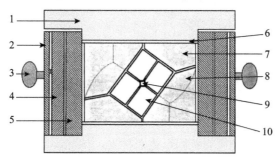

图1-17　环形约束楔块式（Walcker式）二级加压装置示意图[27,28]
1：大压块；2：防护套；3：手柄；4：安全环；5：内层定位环；6：绝缘垫；7、8：楔形一级压砧；
9：样品；10：立方二级压砧

近年来，贺端威等采用国产铰链式六面顶压机作为6-8方式的一级驱动部分，实现了二级加压[29]。例如，采用6×2500t的六面顶大压机，在10mm直径的样品腔内产生出15GPa的高压[30]，明显扩展了这类压机的使用范围。

尽管原理上各种六面顶装置都可以用作一级压砧，但对于6-8方式，有一个特别需要考虑的因素，就是一级压砧的同步性。为此，作者对三种不同类型的六面顶装置的同步性做了对比实验[31]，包括独立油缸的六面顶压机[25]，单轴驱动紧装式四滑座六面顶压机[21]，以及带V形槽滑块式上三下三的六面顶装置[24]。实验结果表明：后者的同步性最好。除了同步性好这个优越性以外，在加压过程中，通过压砧底座与滑槽之间的滑移，还可以部分地减少一级与二级压砧之间的相对滑移，这也是这种装置独具的特点。因此，我们选用带V形槽可调滑块式上三下三高压装置作为一级压砧，进行了6-8方式的高压实验[31,32]。考虑到这种上三下三式模具的三次对称性，我们还采用三柱式1500t单压源压机作为压力源。三柱式压机的框架与其驱动的高压模具具有同样的三次对称结构，可以使模具各部及各压砧的受力情况尽可能相同，在力学上更为均衡。目前安装的一级压砧顶面正方形边长为48mm；二级压砧由八块硬质合金正六面体组成，边长为 24mm，面对中心的顶角处倒角为边长 6mm 或 8mm 的正三角形。在 8mm 倒角边长的二级压砧实验中，压力达 12GPa 以上[31,32]。图 1-18 表示八面体样品组装及其与二级压砧的位置关系以及八面体样品组装实物外观照。

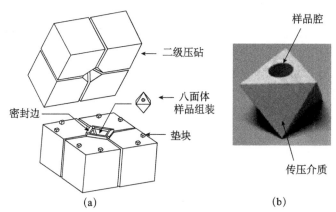

图 1-18　(a) 八面体样品组装与二级压砧的位置关系[31,32]；
(b) 八面体样品组装实物外观照[31,32]

　　此外，多级加压方式还有不同形式的扩展，例如，在 6-8 方式压块中部圆筒形腔体中再安放一对小圆台形对顶压砧作为第三级压砧，可以实现更高压力，这种方式被称为 6-8-2 三级加压[33,34]；或在 6-8 方式的一级压砧和二级压砧之间再安放六块过渡压砧（使应力分布更优化），这种方式可称为 6-6-8 三级加压[35]。图 1-19 (a) 和 (b) 是 Irifune 等开发的两种三级加压方式的示意图，其中一级压砧采用碳化钨（WC）硬质合金，二级压砧采用金刚石烧结体（sintered diamond，SD）或碳化钨（或嵌入硬质钢套的碳化钨），三级压砧则是采用具有很高硬度的纳米多晶金刚石聚结体（nano-polycrystalline diamond，NPD），这种装置可以产生更高的压力[35]。

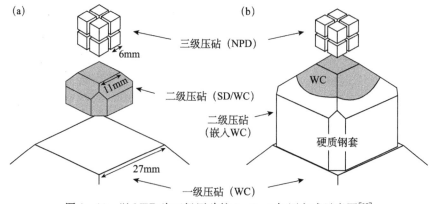

图 1-19　以 NPD 为三级压砧的 6-6-8 加压方式示意图[35]

总之，多压砧（四面体、六面体、八面体等）加压方式的共同特点有：顶端压砧间彼此互不接触，靠密封介质（封垫或封套）支撑，使中部传压介质和样品有足够的压缩余地。目前，以正六面体装置和 6-8 装置的应用较多。

1.1.4　高压容器的材质

除了压力容器的结构和加压方式以外，直接承受压力部件（模具与压砧）本身的材质以及与周边材料（包括封垫）之间的配搭都是影响加压的重要因素。特别是承受高压部件材料的硬度或强度限定了装置可能达到的最高压力。需要说明：材料的硬度关系到体弹模量等基本性质，通常能用测试压坑来评价，涉及材料局部的塑性形变，这与剪切强度和压缩强度等密切相关，可以认为硬度是材料各种屈服强度的一个综合指标。要产生更高压力，就需要选用硬度及体弹模量足够高的材料来制作高压模具或压砧。例如，金刚石是自然界中具有最高硬度的材料，被成功地用作压砧，在 DAC 装置上产生出了 500GPa 以上的高压[36]。但由于金刚石单晶尺寸的限制，目前这种装置只能提供很小的高压空间，样品尺寸通常在微米量级。对于大腔体的高压容器，则需要采用其他体积更大的材料。

如前所述，Bridgman 曾采用硬质合金作为活塞圆筒的材料，大大提高了这种装置所产生的压力。硬质合金是指由难溶金属碳化物（通常以碳化钨为主，故常简写为 WC）的微米级晶体与少量金属助剂烧结而成的多晶块体材料，不仅具有相当高的硬度，在整体力学性质上还具有各向同性的优点，加之比较容易制成较大尺寸的产品，在大腔体高压装置上得到广泛使用。除了活塞圆筒以外，也用在平面对顶压砧、Drickamer 式模具、Belt 式模具、六面体及 6-8 式多压砧等装置上。但由于传统硬质合金材料本身力学性能的限制，在很长一段时期，用硬质合金作压砧的实验所产生的压力不超过 30GPa[37,38]。尽管如此，硬质合金压砧的装置中样品体积却可以达到 DAC 在同样压力范围内样品的 1000 倍，无论对于物性检测、材料合成或地学研究都具有不可替代的优势。

近年来，随着新型硬质合金材料的开发，其力学性能明显提高，在 6-8 装置上作为二级压砧不断刷新压力记录[39,40]。例如，2017 年，Ishii 等采用新型硬质合金（硬度 H_v=2700，杨氏模量 660GPa）在 6-8 装置上作为二级压砧（倒角边长 1.5mm），达到室温下 64GPa 的高压和 2000K 高温下 48GPa 的高压[41]。2019 年，Yamazaki 等在同类装置上采用这种硬质合金压砧（倒角边长 1mm），达到室温下 71GPa 以上的高压[42]。

SD 是用金刚石微米级晶体和少量金属助剂在高压下烧结而成的多晶块体材

料，具有比硬质合金更高的硬度，被广泛应用于切削刀具、钻探工具及拉丝模等方面[43]。在 SD 烧结过程中为避免金刚石在高温下转变为石墨，压力通常需维持在 5GPa 以上，这就使 SD 产品的体积受到高压容器的限制，因此，目前这种材料的最大尺寸远小于硬质合金。尽管如此，由于 SD 具有更优越的力学性能，加之可透过高能范围（20～100keV）的 X 射线，有利于结合同步辐射光源开展高压下样品的在线观察分析[44]，所以从 20 世纪 80 年代后期开始，科学家们将这种材料用于高压容器，在同等大小的压砧上所达到的压力明显高于硬质合金[45,46]。近年来，在 6-8 装置上采用 SD 作为二级压砧（倒角边长 1.5mm）达到室温下 80GPa 和 1500K 下 61GPa 的高压[47]，在倒角边长 1mm 的 SD 二级压砧上，达到室温下 97GPa 的高压[48]。尽管达到的压力越高，样品体积越小，但在同等压力范围内以 SD 为压砧的装置中，样品体积仍远大于 DAC 中的样品体积。

近年来，超硬材料又有新的进展。2003 年，Irifune 等使用 6-8 装置，在 2300～2500℃和 12～25GPa 的高温高压条件下，通过高纯石墨直接转变合成出 NPD，这种透明的多晶材料不仅显示出比金刚石单晶更高的硬度，而且因其不含金属助剂而具有比传统 SD 更耐高温的特性[49]。这种超硬 NPD 被用作 6-8-2 方式中的三级压砧，能在 1250K 温度下保持 90GPa 的高压[50]，并在室温下达到 125GPa 的高压[51]。

不仅如此，Irifune 等还开发出一种特大型的压机，采用大型 6-8 模具，可以在 2cm³ 的大样品腔内稳定产生 2500℃和 16GPa 的高温高压，进而使用这种压机合成出均匀优质的 NPD 大块材料（圆柱直径和高度均在 1cm 以上）[52]。再将这种圆柱形 NPD 加工成边长为 6mm 的立方体，用作 6-6-8 方式的三级压砧（即在六个硬质合金一级压砧端面，各安放一个 SD 或硬质合金的二级压砧，中间再安放八块立方体 NPD 三级压砧）如图 1-19 所示。实验表明：在同样外部条件下 NPD 压砧所达到的压力比 SD 压砧高出约 50%。此外，还发现 NPD 作为 X 射线窗口的透明度是 SD 压砧的 10～100 倍，且能通过更宽范围（30～130keV）的 X 射线，这些特性有利于对高压下的样品进行更高质量的成像和衍射分析[35]。这些重要进展可填补 DAC 装置在样品体积及温压条件均匀性等方面的不足，大大拓宽了大型高压装置的应用范围。

1.1.5 可压缩封垫与传压介质

如前所述，除了活塞圆筒之外，所有其他类型高压装置的模具或压砧之间相互都不能直接接触，否则无法移动而产生高压。因此，要在高压装置上有效地产生和维持高压，除了压力源和压力容器以外，还需要有可压缩封垫以及传压介质。

1）可压缩封垫

首先，在高压装置前端部件（模具或压砧）之间的缝隙处需要有密封材料来填充，这种材料根据形状称为封垫或封套。

封垫材料的第一个必要性质是可压缩性，这是为了使被密封在高压容器内的样品腔体积能够有效地缩小，从而产生高压。因此，这种封垫被称为"可压缩封垫"（compressible gasket，CG）[53-56]。

封垫材料的第二个必要性质是在高压下具有足够高的剪切强度，以有效地维持受压空间从内到外的压力梯度，使腔体中部产生尽可能高的压力。但是，通常情况下材料的剪切强度越高其硬度就越高，可压缩性就越小。如何选择合适的材料作为封垫，使其既有充分的可压缩性以产生高压，同时又有足够的剪切强度以保持腔内高压，是选择封垫材料需要考虑的问题。

2）传压介质

传压介质用于高压腔体内，其作用在于传递压强，使实验样品各部分受到尽可能均匀的压力。为此，介质需要包围住样品，且充满高压腔。为了实现均匀的压力环境，传压介质材料在高压下，内部剪切应力越小越好，因此，理想的传压介质应该是黏度很小的液体。但绝大多数的液体在 2～3GPa 压力下会转变成固体，乙醇和甲醇的混合液可以在 10GPa 压力下仍保持液态。充满液态传压介质的环境可以近似地看成静水压。液体传压介质常用在活塞圆筒装置和 DAC 装置中。

固体传压介质同样被期待具有较小的剪切应力，以在高压下尽可能各向同性地均匀传压；目前，大压机实验中使用得较多的固体传压介质有 NaCl、MgO_2、hBN、滑石、叶蜡石等。

另外，在某些情况下，封垫和传压介质可选用同种材料（如叶蜡石），密封作用需要较高的剪切强度，而传压作用却需要较低的剪切强度，这也是一对矛盾，需要根据实验目的和条件综合考虑。

3）高压下封垫与传压介质的性能评价

不同形式的高压装置上封垫和高压腔形状有很大差别，其应力分布各不相同，难以用同一方法进行评价。在六面顶压机、Belt 式模具和 6-8 式压砧上使用的封垫和传压介质的力学行为比较复杂，我国在工业上一般是通过多次高压实验直接调查或比较其密封及传压效果。特别对叶蜡石做过大量研究，形成了相应的叶蜡石封垫制作与热处理工艺技术，促进了超硬材料工业的发展[25,57-59]。

基于对封垫材料力学模型的分析，Wakatsuki 曾提出一种采用平面对顶压砧来评价封垫材料性能的实验方法[53-56]。这种方法思路清晰，简单实用，且能帮助理解高压下不同形状封垫的力学行为及其意义。陈丽英等曾运用这种方法对我国几种典型叶蜡石的性能进行过实验比较[60]。其原理简介如下。

首先，无论什么形状的封垫，在其受压情况下，外沿附近都存在塑性形变区域，中部则存在弹性形变区域。图1-20表示夹在两个平行压砧面之间的叶蜡石圆片的中心横截面及其应力分布。

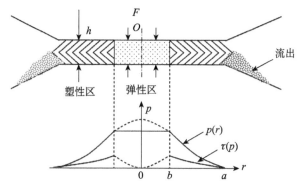

图1-20　在平面对顶压砧间圆形垫片压缩时压力和剪切应力的分布[53-56]

需要说明，图中所示的力学模型是以下面几点假设为前提的。

第一，压砧是刚体，其屈服强度足够高，即不考虑压砧的形变。

第二，圆片是均匀密实的材料，不考虑空穴的影响。

第三，圆片的厚度充分薄，其中各点的压力 p 只是该点到中心的距离 r 的函数 $p(r)$；不考虑其他方向（包括圆片上下方向和垂直于纸面方向）的物质流动、压力梯度或摩擦力等。

第四，圆片内部的剪切强度与所承受的压力相比足够小，故将各点的压力 p 考虑为该点各成分的平均值，即近似地看成静水压。

第五，圆片边沿外露部分靠剪切强度维持的压力足够小，故设圆片边沿处的压力为零，即 $p(a)=0$。

在这些前提下，我们参照图1-19对圆片内部的力学行为作以下分析。

当圆片受压时，边沿附近的叶蜡石要产生塑性流动，少量物质被挤出压砧之外。在发生塑性形变的区域（$b<r<a$），压砧与圆片之间要产生一个摩擦力。当塑性区域达到平衡（塑性流动停止）时，这个摩擦力与叶蜡石内部的剪切强度相等。它与叶蜡石内部径向压力梯度引起的压力差达到平衡，以致中部可保持很高的压力。若沿圆片的径向取一个窄条微元，其力学平衡条件可表示为

$$p(r) \cdot h - p(r+dr) \cdot h = 2f \cdot dr$$

其中，h 是压缩时的圆片厚度；f 是压砧与圆片间单位面积的摩擦力。设与压力

p 对应的叶蜡石的剪切强度为 $\tau(p)$，由于它与 f 相等，则塑性区域的平衡条件也可表示为

$$\frac{\mathrm{d}p}{\mathrm{d}r} = \frac{-2\tau(p)}{h}$$

该式清楚地表达了压力梯度与材料剪切强度的关系。

在 $r < b$ 的区域，叶蜡石几乎不发生塑性形变，这里的剪切应力比塑性区域小得多，在中心则为零。因此，可以近似地假设在中部的弹性区内压力分布是均匀的。这样，圆片内部的压力和剪切应力的分布即可如图 1-20 所示。

外加总压力 F 和 $p(r)$ 的关系为

$$F = \int_0^a 2\pi r p(r) \mathrm{d}r$$

在总压力 F 一定，圆片直径 $2a$ 也一定的情况下，若改变圆片的初始厚度 h_i，可以得出不同的压力分布 $p(r)$，其规律如图 1-21 所示。

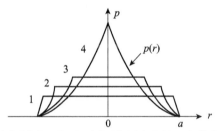

图 1-21　在相同总压力下不同厚度圆片中的压力分布示意图[53-56]

首先，h_i 越小，边沿塑性区域越小，该区域的压力梯度 $\mathrm{d}p/\mathrm{d}r$ 越大，同时中部的弹性区域越大，中心压强越低。当 h_i 充分小时，圆片上压力分布几乎是均匀的，如曲线 1 所示。随着 h_i 增大，塑性区域向中部扩展，弹性区域减小，由以上 F 和 $p(r)$ 的关系式可以推出中部弹性区域的压力增高，如曲线 2、3 所示。当 h_i 达到一个临界值 h_c 时，塑性范围延伸到中心，弹性区域消失（$b=0$），压力分布如曲线 4 所示。当圆片厚度超过 h_c 时，在外力作用下，整个圆片先要发生塑性流动，边沿部分材料会被挤出，使实际厚度减小，直到减小到 h_c 时，圆片靠自身的剪切强度与外力 F 达到符合上面两个关系式的平衡。此时的压力分布与曲线 4 相同。

根据以上分析，我们只要选取从小到大不同初始厚度 h_i 的一系列圆片，在一个确定的压力下加压，再测量其泄压后中心的厚度 h_r，就应当有如下的规律：

当 $h_i \leqslant h_c$ 时，　　$h_r = h_i$

当 $h_i > h_c$ 时，　　$h_r = h_c$

这样的规律表示在图 1-22 中。

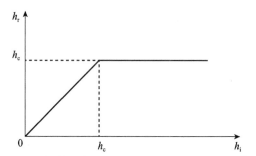

图 1-22　初始厚度 h_i 和回收厚度 h_r 的理想关系[53-56]

需要说明的是：由于弹性形变存在，圆片受压时的厚度 h 和压力撤去以后测量的厚度 h_r 是略有不同的，其差别取决于弹性系数和弹性区分布的压强，于是可以通过比较 h 和 h_r 来评估材料的弹性。但这个差别对 h_c 的测定并没有影响。

另外，不管压砧端面直径 $2a$ 如何改变，对于选定的材料，其 $h_c/2a$ 只与平均面压 $F/\pi r^2$ 有关。同样，在一定的 $F/\pi r^2$ 下求得的 $h_c/2a$（或者说在给定的 F 和 a 下求得的 h_c）就只取决于圆片材料的剪切强度 $\tau(p)$。这样，我们就可以在同样的平均面压条件下通过测量不同材料的 h_c 来比较和评价它们的抗剪切性质。

综上所述，在总压力 F 和压砧直径 $2a$ 给定的情况下，临界厚度 h_c 只与圆片材料的剪切强度 $\tau(p)$ 有关。换句话说，h_c 直接反映了材料的 $\tau(p)$。因此，完全可以通过测量 h_c 来对材料的剪切强度进行评价和比较。由于测量 h_c 比测量 $\tau(p)$ 要容易得多，所以这种方法的实用性也就不言而喻了。

根据上述原理，陈丽英等选用了四种国产的叶蜡石进行实验[60]。将叶蜡石切削成直径为 26mm 的圆片，并将各组圆片厚度打磨为 0.5～5.0mm 范围内的若干不同尺寸，然后焙烧烘烤。高压实验采用硬质合金平面对顶压砧，平均面压 $F/\pi r^2$ 为 1.44GPa，与 Wakatsuki 等报道的相同[54]。采用位移计在线测量叶蜡石在受压状态下的厚度 h，用千分尺测量叶蜡石圆片的初始厚度 h_i 和回收厚度 h_r。通过测量 Bi 丝高压相变引起的电阻变化对圆片中心的实际压力进行标定。

所有压过的叶蜡石圆片的中心及附近区域色泽沉着，表面平整，外围区域颜色较浅，呈现放射状痕迹，边沿附近比较疏松。回收圆片的厚度均呈现中部比边沿略厚的现象。这些形貌特征与上述关于弹性和塑性区域的分析是吻合的。

四种样品的初始厚度 h_i 和回收厚度 h_r 的关系都很好地符合图 1-22 所示的规律，都清楚地存在各自的临界厚度 h_c，当 h_i 小于 h_c 时，h_r 与 h_i 基本相等（实测值 h_r 略偏小）；当原始厚度超过 h_c 时，h_r 就保持在接近 h_c 的一个值 h_{rc} 附近。实验测得的 h_{rc} 也总是略小于 h_c，这是由于实际使用的材料并非理想密实的缘故。作为例子，图 1-23 给出了一种样品的 h_i 与 h 和 h_r 关系的测量结果。

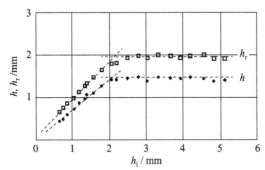

图 1-23　叶蜡石圆片初始厚度 h_i 与受压厚度 h 及回收厚度 h_r 的实测结果例[60]

实验结果表明：四种样品的 $h_c/2a$ 值很相近，在 $0.075 \sim 0.086$。据报道南非等地产叶蜡石的 $h_c/2a$ 则在 $0.06 \sim 0.1$[54]，说明我国这几种叶蜡石的剪切强度更接近中值。所有样品在被压缩到确定压力时在线测量的厚度 h 都明显小于泄压后测量的厚度 h_r，这表示样品在加压或泄压过程中都经历了弹性形变。当 h_i 小于 h_c 时，这种形变主要体现中部弹性区域的行为，当 h_i 等于或大于 h_c 时，尽管在高压下弹性区几乎消失，但在降压过程中圆片中的压力分布发生变化，中部区域仍能表现出一定的弹性行为。我们把 $(h_r-h)/h_r$ 称为回弹率，四种叶蜡石的回弹率在 $26\% \sim 29\%$。这种回弹率与叶蜡石的密封性能密切相关，特别是降压过程中的密封性能[60]。

用 Bi 的相变点进行压力标定的结果表明，在 1.44GPa 平均面压下，厚度接近临界值 h_c 的叶蜡石圆片中心的实际压力超过 7.7GPa，即在 13mm 半径距离上压力差在 7.7GPa 以上，相当于叶蜡石所承受的平均压力梯度[60]。

上述结果是在尽可能单纯的模型下得出的。实际影响因素还有很多，比如，叶蜡石粉压块的添加剂、结合剂、粒度、焙烧或烘烤温度等。另外，上述实验只反映这些叶蜡石在常温下的相关性质，要调查叶蜡石在高温高压下的性能，可以在上述的实验设备上增加加热装置。

总之，通过 $h_c/2a$ 值，可以评估材料的剪切强度；通过回弹率，可以比较材料在高压下的弹性性能；通过压力标定，可以了解材料所承受的压力梯度。这种实验是评价封垫材料或传压介质性能的一种比较实用的方法。

此外，胡云等还采用上述方法，进一步测量了不同加载压力下叶蜡石封垫的临界厚度、弹性区半径以及回弹率等数据；结合对中心压力的标定，以及对回收圆片的图像处理分析和相关计算，给出了封垫内弹性区和塑性区压力分布随外加压力变化的规律，并估算了中心附近的准静水压区范围。结果表明：平面对顶压砧间封垫塑性区内的剪切强度随压力提高而增加，中心压力随加载压力提高而增加的比率具有逐渐上升的趋势[61]。

1.2　压力的测量

要想通过高压实验取得有用的数据或信息，首先必须正确地测量高压容器内部的实际压力。这是任何高压实验的前提条件。下面介绍一些基本的测量方法。

1.2.1　一级压力计

一级压力计（primary pressure gauge）又称绝对压力计（absolute pressure gauge），包括液柱压力计和自由活塞式压力计[6,13]。

1) 液柱压力计

根据压力平衡原理，压力可以用与之平衡的液柱的高度来测量。这就是最早水银柱压力计的原理。著名的托里拆利实验就是用这种方法给出标准大气压的值。人们曾利用埃菲尔铁塔的高度，以及矿井的深度来竖起很高的水银柱，以实现更高压力。但这类方法在测量较高压力时，存在因液柱过高而操作不便，以及密度受高度和温度影响等问题。后来还发明了 U 形管压力计，通过与已知压力的差值来测量或判断压力。总之，这些与液柱相关的压力计所测范围不高，被应用于测量气体或液体的压力。

2) 自由活塞式压力计

这种压力计是根据压力的定义做成的，其原理如图 1-24 所示。它由一个插入液压腔的活塞和所载的砝码组成，液压腔通过管道与测量对象相连。砝码重力为 W，活塞及砝码盘重力为 w，活塞端面面积为 A，大气压力为 p_0，待测压力为 p。当活塞处于平衡时

$$p = (W+w)/A + p_0$$

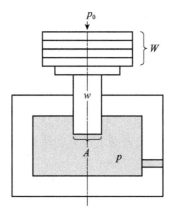

图 1 - 24　自由活塞式压力计[6,13]

这里忽略了活塞与器壁间的摩擦。在高精度测量时，对活塞端面尺寸、活塞与圆筒之间的间隙、环境温度和液体黏度等都有严格要求。根据活塞直径不同，可测压力范围不同。为了避免高压下活塞过细及间隙比过高，前人做过一些改进，如采用带台阶的长杆活塞倒挂砝码，以及让圆筒内外壁尽可能承受同样的压力等方法。目前这种压力计在 1GPa 范围内测量精度可达到 0.1％的水平。至今自由活塞式压力计在各国计量标准机构都作为校准二次压力计的标准量具来使用[62]。

1.2.2　二级压力计[13]

所谓二级压力计（secondary pressure gauge）是通过测量随压力变化的其他物理量来间接测定压力的仪器。根据所测的物理量不同可分为很多种类型。

1）管式压力计

该压力计的核心部件是一根单头封闭且断面为椭圆形的圆弧形中空管，其中充满液体与被测液压体系连通。当高压液体使管壁内部均匀受压时，管内外压差产生的应力会使管壁发生变形，其椭圆形断面要趋于圆形，圆弧管整体的曲率随之发生变化，使封闭的自由端向外偏转。这种位移可以通过机械传动放大，再由指针在刻度盘上指示出被测压力。采用不同的材料可以适用于不同的压力范围，较高压力时采用不锈钢或镍钢。这种压力计最高可测到 0.6 ～ 0.7GPa，精度可达 0.1％水平。

2）电阻式压力计

电阻随压力变化比较明显的单质金属有 Pt、In、Pb 等。这类压力计必须注意排除或校正温度的影响。一般说来，单质金属的电阻受温度的影响比较明显[9]。

某些合金的电阻受温度影响较小，更适于做成压力计。例如，Cu（80%～84%），Mn（4%～5%），Ni（约12%），Fe（约4%）组成的合金线在1.3GPa以内其电阻与压力有很好的线性关系，在2.55GPa压力下，其电阻值仅比线性关系计算值偏低1%～2%。把一定粗细和长短的这种合金线做成标准线圈，即所谓的锰铜压力计。另外，如Au-Cr（2.1%）合金线也是一种很好的电阻式压力计，其电阻随压力的变化关系受温度的影响更小。

3）应变式压力计

单质金属、合金及某些金属氧化物在发生应变时其电阻会变化，利用这种性质也可以做成二次压力计。把这些材料做成的应变元件紧密贴合在装有高压流体的管壁或容器壁上。管壁因内部流体压力改变而产生的膨胀或恢复会引起元件的应变，结果表现为元件电阻的变化，根据预先标定好的压力与电阻的关系，即可显示出被测压力。这种压力计的优点在于不必将测量元件放到压力容器内部，只需固定在外壁上即可使用。

4）其他二级压力计

除了上述几种二级压力计外，还有利用晶体的压电效应制成的压电式压力计，以及将金属板的弹性形变用光学方法放大，或测量由电容器隔板压缩引起的电容变化，或记录电解质溶液的电导率随压力变化等多种间接测压方式。

1.2.3 超高压的标定与测量

上述一级压力计和二级压力计测量的压力不是很高，通常不超过2GPa[62]。在更高的压力下，绝大多数物质会转变为固体。另外，超高压装置中普遍采用的封垫和传压介质都是固体，也会导致腔内压力分布不均匀。特别是在使用Belt式、多压砧、Bridgman式压砧等装置时，压力分布相当复杂，即使采用活塞圆筒式装置，也需考虑活塞与圆筒间的摩擦，以及固体介质内部的摩擦等问题。总之，对于大腔体高压装置，中心实际压力很难通过压力源的加载力和高压模具的形状去计算。在金刚石压砧装置中通常采用液体传压介质，但也需要固体封垫，封垫内压力梯度很大，难以靠计算来判断中心压力。因此，在更高的压力范围内，需要采用其他的方法去测量或标定压力。

1）室温下的压力标定

大压机上可通过检测室温下某些特定物质的已知相变压力点所对应的加载外力，建立起样品腔内实际压力与加载外力之间的关系，作为判断实际压力的依据。这种方法称为"压力标定"。例如，利用某些物质在压力引起相变时电阻发生突变的特性，通过测量其电阻变化来确定某几个压力点，然后拟合出腔内特定位置上实际压力与外部加载压力的关系。图 1-25 为 Bridgman 早期测量的室温下 Bi、Tl、Cs、Ba 几种金属的相对电阻随压力变化的关系[8]。

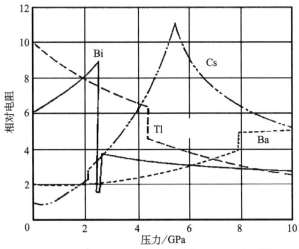

图 1-25　几种金属的相对电阻与压力的关系[8]

作为室温下 10GPa 以内压力标定的依据，Bridgman 的这些测量结果曾被称为 Bridgman 基准[8]，后来许多研究者用各种方法验证或修订了这些结果。例如，使用尽量减小摩擦的活塞圆筒式装置，并考虑增压和降压过程中摩擦力的对称性，更加准确地测定物质相变点的压力。后来随着超高压下 X 射线衍射实验技术的发展，以及对 NaCl 状态方程理论计算的成功，超高压力还通过 NaCl 晶格常数随压力的变化来测量。这种方法迅速而准确，可用来校正上述物质相变点的压力，被称为 NaCl 基准[63-66]。1968 年，美国国家标准局（NBS）在总结各种研究结果的基础上提出了室温下压力定点标准，这个标准被全世界研究者使用了很长时间，称为 NBS 基准[67]。1986 年，国际实际压力基准工作小组又推出一个经过修订的压力定点标准[68]，如表 1-2 所示。

表 1-2　室温下压力定点值[68]

Bi Ⅰ-Ⅱ	(2.550 ±0.006) GPa
Tl Ⅱ-Ⅲ	(3.68±0.03) GPa
Ba Ⅰ-Ⅱ	(5.5±0.1) GPa
Bi（较高压力的定点）	(7.7±0.2) GPa
Sn	(9.4±0.3) GPa
Ba（较高压力的定点）	(12.3±0.5) GPa
Pb	(13.4±0.6) GPa

NaCl 基准还被用来校正其他一些物质在更高压力范围的相变点的压力。如 ZnTe（9.6GPa、12GPa）、ZnSe（13.9GPa）、ZnS（16.2GPa）、GaAs（19.3GPa）、GaP（>23.3GPa）等，另外，还发现利用不同组分的 Fe-V 合金、Fe-Co 合金在 10～50GPa 范围的相变等。这些物质的相变点被作为相应范围内的压力定点标准[69]，可以用测量电阻或 X 射线衍射等方法进行更高范围的压力定点。但由于 NaCl 本身在 30GPa 要发生相变，所以其晶格常数随压力的变化关系不能在 30GPa 以上的压力下作为其他物质相变压力的基准。

图 1-26 给出了在平面对顶压砧装置上通过测量 Bi、Tl、Ba 串联线路的电阻进行压力标定的样品中心部分组装（a）、测量结果（b）和标定结果（c）的示意图。关于高压下电阻等物性测量回路与方法将在第 2 章中具体介绍。

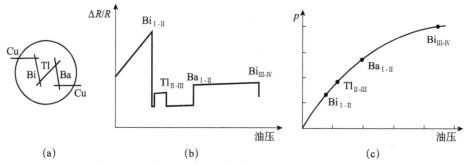

图 1-26　在平面对顶压砧上做压力标定实验的示意图

（a）样品中心部分组装示意图（Cu 为测量端）；（b）电阻测量结果示意图；（c）压力标定结果示意图

2）红宝石荧光测压

1972 年以来，在 DAC 装置上建立了利用红宝石荧光峰波长偏移量来测定更高压力的方法，已可测量到 200GPa，甚至被推广到更高压力范围。这种方法将在第 3 章中详细介绍。此处需要说明的是：通过这种方法与在线 X 射线衍射或物性测量等方法所得结果相互对比，其关系也能成为大压机在相应范围内利用更多物质相变来进行压力标定的依据。

3）高温下压力的测量

一般的高压装置在腔内温度发生变化时压力都会有相应的变化，不能用室温下的压力测量结果来简单推断高温下的压力。从原理上讲，在室温以外的温度下测量压力的方法可分为两大类：一是以已知其状态方程的标样物质作为基准，在测量温度的同时用 X 射线衍射结果来推算压力。二是利用某些物质相变与温度压力的关系，测量其相变温度来反推压力。第二类方法包括利用固固相变和固液相变。此外，还有利用物质的分解反应与温度压力的关系来测量压力的，在做法上与第二类方法相似。温度测量方法见 1.3 节。

第一类方法需要注意一些问题：首先是在所测温度范围内标样物质状态方程本身的不确定度。另外，在实验上的难点，如高压下测温的不确定度；测温点与 X 射线衍射点应保持同一位置等。

第二类方法操作起来比较容易，只要测量出相变发生时的温度，就可以推定其压力。如石英-柯石英相变方程[70] 和柯石英-斯石英相变方程[69]，分别是

$$p(\text{GPa}) = (2.11 \pm 0.03) + (9.8 \times 10^{-4} \pm 1.2 \times 10^{-4})T(℃)$$
$$p(\text{GPa}) = (8.0 \pm 0.21) + (1.1 \times 10^{-3} \pm 3 \times 10^{-4})T(℃)$$

这些相变方程是在各种方法得出的大量实验数据的基础上总结出来的。常被用在 1000℃ 左右的压力测量。与此类似，石墨到金刚石的相变也被利用在 1400℃ 附近的高温下进行压力测量。

金属或合金的固液相变曲线（熔融方程或熔融曲线）也被用于高温下的压力测量。只要测出高压下的熔点，即可推定其对应的压力。如 Au、Ag 金属在 2~6GPa 压力下的熔点处于 1000~1300℃ 范围[71]，加之这些金属具有较大的相变潜热，便于在不透明的高压装置中用热电偶测量。根据同样的原理，洪时明等曾利用 Pb 的熔融曲线，进行了 600~760℃ 范围内高压力的测量[72]。

由于在更高的温度、压力下许多物质相变曲线本身的不确定度较大，目前这类方法一般用在高温下测量 15GPa 以内的压力。

1.3　高压下的温度环境及其测定

如引言所说，静高压实验可视为等温压缩过程，其加压速度远低于热传导速度，在加压过程中样品与外界保持热平衡。这是强调在静高压实验中不考虑加压做功所产生的热量及其影响，并不排除在保持一定压力的前提下对样品进行加热或冷却，使样品处于与外界不同的温度环境或经历不同的温度变化过程。本节主要讨论加热的情况，仅在最后对致冷情况做一点简单说明。

1.3.1　不透明高压装置的加热方式

高压下对样品进行加热（或致冷）的方法与加压装置的结构和材料等密切相关。对于不透明压砧，高压装置通常采用通电加热的方法，对于透明压砧，高压装置还可以采用激光加热等方法。

在多压砧装置或 Belt 式大压机上，普遍利用相互绝缘的两个压砧作为电极，通过对高压腔中的发热体（heater）通电来实现加热。发热体可以是样品本身，

也可以是靠近样品的其他部件；前者是对样品直接通电使其发热，称为"直热式"，后者是对样品附近的部件进行通电使样品间接受热，称为"旁热式"。后种情况，样品本身并不通过电流，因此样品在高压、高温下发生的物性变化或相变都不影响发热体的电阻，温度环境比较稳定，适于较长时间保持温度稳定的实验。但与"直热式"相比，"旁热式"可安放样品的空间明显减小，在我国合成金刚石等超硬材料的工业中，考虑到收量和成本等问题，常采用直热式。图 1-27 是六面顶压机上两种不同加热方式的组装示意图。

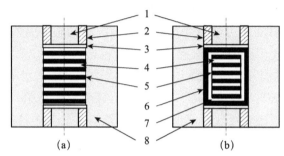

图 1-27　六面顶压机上合成金刚石的直热式（a）和旁热式（b）组装示意图
1：陶瓷堵头；2：导电钢环；3：钼片；4：触媒金属片；5：石墨片；
6：石墨加热管；7：绝缘传压介质（NaCl）；8：叶蜡石

对于合金材料制成的活塞圆筒式高压模具，因活塞与圆筒之间通常没有绝缘，不便使用模具部件本身进行通电来实现加热，可采用在圆筒外围安设加热套（即所谓"外加热"）的方式，对模具整体进行加热，也可通过在活塞或圆筒上的小孔用绝缘管引入导线，对高压腔内的发热体进行通电加热（即"内加热"）。

对于硬质合金制成的 Bridgman 式平面对顶压砧，通常利用相对的两个压砧作为电极来对中间的样品进行加热，也可以有"直热式"或"旁热式"两种方法。图 1-28 给出了平面对顶压砧上"旁热式"加热方式的例子。这种装置上的样品腔空间相对较小，可根据需要设计不同方法[73,74]。

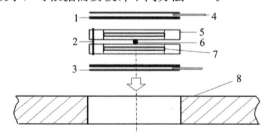

图 1-28　平面对顶压砧上一种加热方式的示意图[73,74]
1：石墨片；2：石墨柱；3：云母片；4：铜箔；5：hBN 传压介质；
6：热电偶（垂直于纸面方向）；7：样品；8：叶蜡石封垫

1.3.2　热电偶测温及其修正

对于大腔体高压装置，高压下测定温度的最一般的方法是采用热电偶测量。

1821 年，塞贝克发现：两种不同导体构成的回路，当两个接头温度不同时，回路中会产生电动势，引起电流。这种电动势只与两接头的温度差以及两种材料的性质有关。这种温差电动势现象随着后来佩尔捷效应（1834 年）和汤姆孙效应（1856 年）的发现而得以进一步认识。佩尔捷效应是指两种不同金属接触时，在接触面上产生一个电势差，又称为佩尔捷电动势，它只与两种材料和温度有关。汤姆孙效应是指一种金属棒一端被加热时，两端产生电势差，又称为汤姆孙电动势，它只与材料两端温度有关。上述温差电动势是佩尔捷效应和汤姆孙效应共同作用的结果。这种现象后来被广泛用于温度测量。两种材料组成的回路叫热电偶。

目前热电偶产品已有国际规范，有适用于不同温度范围的各种热电偶及其相应的测温标准，查考和选用很方便。需要注意的是：标准热电偶电动势与温度之间的对应关系通常是以冷端温度为 0℃ 来确定的。只有当冷端温度与 0℃ 间的差别相对于所测温度范围而言足够小时，冷端带来的测量误差才可以忽略。

对于不同类型的高压装置，安放的热电偶都需保持其独立回路，与其他部件绝缘。对于平面对顶压砧，因压砧间封垫和介质的形状简单，比较容易安放热电偶。对于活塞圆筒式装置，通常需在活塞或圆筒上开孔，插入带绝缘套的热电偶以测量样品腔内的温度。对于多压砧或 Belt 式高压装置，通常是从压砧间的狭缝中穿过封垫和传压介质引入热电偶。在多压砧装置中，也可利用与加热通路绝缘的其他压砧作为热电偶的冷端，这种方法操作简便，且能避免热电偶通路在狭缝中易被压断的问题。但在这种方式中，作为热电偶冷端的压砧本身温度通常明显比 0℃ 偏高，需要对所测量的温度值进行校正。总之，尽管在复杂的装置上安放热电偶有一定难度，但原理上都是可以做到的。

原理上的问题还在于：高压下许多热电偶的温差电动势与常压下的有所不同，需要对高压下的温度显示值进行修正。这一问题最早由 Bridgman 用实验进行了研究[75]，其原理如图 1-29 所示。将导线样品 BC 置于连通的高压容器中，使其一端处于高温槽，另一端处于低温槽，再将同种材料的导线 DE 两端同样处于两种不同温度的槽内，且在高温端与 BC 连接组成"热电偶"，只要测量分别处于高压和常压下两根导线冷端之间的电势差，即可得出压力对这种材料温差电动势的影响。Bridgman 利用这种方法在温差 100℃ 和压力 1.2GPa 的条件下测量了多种金属的温差电动势与压力的关系。

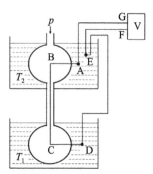

图 1-29　Bridgman 测量温差电动势与压力关系的实验原理图[75]

　　1939 年，Birch 将同种类型的两只热电偶分别置于两个容器中，让其中一个容器处于高压，另一个处于常压，并放在同一个恒温槽里，在 0.4GPa 压力和580℃条件下测定了压力对热电偶温差电动势的影响[76]。20 世纪 60 年代，Bundy 等在 Belt 式装置上通过对上下压砧分别加热或冷却，在高压腔内形成一定的温差，在 100℃温度和 7.2GPa 压力条件下对不同压力下多种金属两端的电动势进行了测量[77]。图 1-30 为 Bundy 等的实验方法示意图，他们根据不同导线的测量结果推算出多种热电偶测温的压力修正值。类似工作在平面对顶压砧装置上也有开展[78,79]。1970 年，Getting 和 Kennedy 在活塞圆筒装置上采用固体传压介质和内置石墨加热管，在 3.5GPa 和 1000℃ 范围内对两种常用热电偶的单线材料做了调查，并根据测量结果外延推测：在 5.0GPa 压力下，NiCr -NiAl 热电偶在 1200℃附近所示温度比真实温度高 28℃；而 Pt/Pt - 10％Rh 热电偶在 2000℃附近所示温度比真实温度低 25℃[80]。这类工作的结果对高压实验中如何选择热电偶，以及如何准确分析实验结果等都很有参考价值。

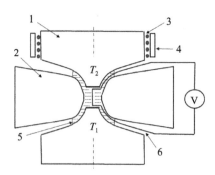

图 1-30　Bundy 等调查温差电动势压力效应的实验方法示意图[77]

1：上下压砧；2：Belt 模具；3：加热线圈；4：绝缘隔热层；

5：叶蜡石封套；6：被测导线

随着高压装置产生压力的提高，压力对热电偶电动势的影响不可小视。尽管在某些不同目的的实验中，或在压力不太高的情况下，可以忽略这种影响，但实验者必须清楚认识到用热电偶测量高压下的温度时，其读数不一定是真实温度值。只有在压力效应可以忽略的前提下，才能直接使用数据，否则需要修正。

另外，热电偶电动势的压力效应是否可以应用？前人也做过相关探索。由于压力对不同热电偶的影响不同，两种热电偶测量同一点温度时所显示的差值就与压力有确定的对应关系，例如，Hanneman 等曾给出了 1300℃ 和 5GPa 条件下，几种不同热电偶（Pt/Pt10Rh、Pt/Pt13Rh、NiCr-NiAl 等）的温度测量差值与压力的关系[81]。根据这些不同的关系，我们便可以通过两种不同热电偶测量高压下同一点的温度时所显示出的差值来反推压力。这种方法在原理上没有问题，可用于在不透明高压装置上实现在线测压。但实验表明：由于不同热电偶在高压下显示的差值较小，而测量值本身的不确定度相对较大，所对应的压力值却不小，所以压力测量结果存在相当大的不确定度。即是说：这种方法要求温度测量本身具有足够高的精确度，而目前热电偶测温技术还未达到那样的水平，因此尚未成为一种实用可靠的方法。

关于 DAC 等透明压砧装置的加热方式和温度测量，将在第 3 章做专门介绍。

1.3.3　低温高压实验的简单说明

低温物理是凝聚态物理的重要分支。关于低温高压实验，技术上有许多问题与室温和高温的情况完全不同。首先，致冷方法通常是将整个高压装置浸入冷却液体（包括液氮、液氢或液氦），或通过冷却液循环使装置降温。这些方法一般适用于体积较小的高压装置（如 DAC 或活塞圆筒等），而在 Belt 式和多面体压砧等大型装置上则很难实施。另外，由于构成装置和高压腔的许多材料在低温下的力学性能都有很大改变（如变得很脆等），以致不再能用，必须选用其他在低温下性能适合的材料制作压砧、底座、支撑部件、封垫以及传压介质等。整个装置在常压下测定的压力与低温下的实际压力会有较大差异，需要进行修正校准，等等。这方面知识可参考其他相关资料[13,82,83]。

参 考 文 献

[1] Mao H K，Bell P M. High-pressure physics：sustained static generation of 1. 36 to 1. 72

megabars. Science，1978，200：1145-1147.

［2］Hemley R J，Mao H K. High Pressure Phenomena. Amsterdam，Oxford，Tokyo，Washington D C：IOS Press，2002：3-40.

［3］八木健彦. 超高圧の世界. 東京：岩波書店，2002：6-50.

［4］福長脩. 超高圧と化学. 東京：学会出版センター，1979：9-10.

［5］Bridgman P W. The Physics of High Pressure. London：G. Bell & Sons，1952.

［6］Bridgman P W. Pressure-volume relations for seventeen elements. Proc. Amer.，Acad.，1942，74：425-440.

［7］Bridgman P W. The compression of 39 substances to 100000kg/cm^2. Proc. Amer.，Acad. Arts Sci.，1948，76：55-70.

［8］Bridgman P W. The resistance of 72 elements，alloys and compounds to 100000kg/cm^2. Proc. Amer.，Acad. Arts Sci.，1952，81（4）：165，167-251.

［9］Balchan A S，Drickamer H G. High pressure electrical resistance cell，and calibration points above 100 kilobars. Rev. Sci. Instr.，1961，32：308.

［10］唐菲，陈丽英，刘秀茹，等. 一种以压力一维均匀分布为特征的长条形对顶压砧. 物理学报，2016，65（10）：100701.

［11］Bundy F P. Modern Very High Pressure Techniques. London：Butterworths，1962：11-15.

［12］Hall H T. Ultra-high-pressure，high-temperature apparatus：the "belt"．Rev. Sci. Instr.，1960，31：125.

［13］大杉治郎，小野寺昭史，原公彦他. 高圧実験技術とその応用. 東京：丸善株式会社，1969.

［14］Hall H T. Some high-pressure，high-temperature apparatus design considerations：equipment for use at 100000 Atmospheres and 3000℃. Rev. Sci. Instr.，1958，29：267.

［15］Lloyd E C，Hutton V O，Johnson D P. Compact multi-anvil wedge-type high pressure apparatus. J. Research Nat. Bur. Stand.，1959，63C：59.

［16］Liander H，Lundblad E. On the synthesis of diamonds. Arkiv för Kemi，1960，16：139.

［17］Kawai N，Endo S，Sakata S. Synthesis of Mg_2SiO_4 with spinel structure. Proc. Jap. Acad.，1966，42：626-628.

［18］Vereschagin L F. Progress in Very High Pressure Research. New York：John Wiley & Sons，1961.

［19］Bundy F P. Modern Very High Pressure Techniques. London：Butterworths，1962：10.

［20］Osugi J，Shimizu K，Inoue K，et al. A compact cubic anvil high pressure apparatus. Rev. Phys. Chem. Japan，1964，34（1）：1-6.

［21］谢鸿森. 地球深部物质科学导论. 北京：科学出版社，1997.

［22］Kawai N，Togaya M，Onodera A. A new device for pressure vessels. Proc. Japan Acad.，1973，49（8）：623-626.

［23］Wakatsuki M，Ichinose K，Aoki T. Characteristics of link-type cubic anvil，high pressure-high temperature apparatus. Japan J. Appl. Phys. , 1971, 10 (3): 357.

[24] 市瀬多章, 若槻雅男, 青木寿男. 新しい斜面駆動形立体アンビル装置. 压力技术, 1975, 13 (5): 244 - 253.

[25] 姚裕成. 人造金刚石和超高压高温技术. 北京: 化学工业出版社, 1996.

[26] Kawai N, Endo S. The generation of ultrahigh hydrostatic pressures by a split sphere apparatus. Rev. Sci. Instr. , 1970, 41 (8): 1178 - 1181.

[27] Walker D, Carpenter M A, Hitch C M. Some simplifications to multianvil devices for high pressures experiments. American Mineralogist, 1990, 7: 1020 - 1028.

[28] Walker D. Lubrication, gasketing and precision in multianvil experiments. American Mineralogist, 1991, 76 (7 - 8): 1092 - 1100.

[29] 王福龙, 贺端威, 房雷鸣, 等. 基于铰链式六面顶压机的二级 6 - 8 型大腔体静高压装置. 物理学报, 2008, 57 (9): 5429 - 5434.

[30] 何飞, 贺端威, 马迎功, 等. 二级 6 - 8 型静高压装置厘米级腔体的设计原理与实验研究. 高压物理学报, 2015, 29 (3): 161 - 168.

[31] 吕世杰, 罗建太, 苏磊, 等. 滑块式六含八超高压实验装置及其压力温度标定. 物理学报, 2009, 58 (10): 6852 - 6857.

[32] Lv S J, Hong S M, Yuan C S, et al. Selenium and tellurium: elemental catalysts for conversion of graphite to diamond under high pressure and temperature. Appl. Phys. Lett. , 2009, 95: 242105.

[33] Endo S, Ito K. High Pressure Research in Geophysics. Tokyo: Center for Academic Publication, 1982: 3 - 12.

[34] Utsumi W, Toyama N, Endo S, et al. X-ray diffraction under ultrahigh pressure generated with sintered diamond anvils. J. Appl. Phys. , 1986, 60: 2201 - 2204.

[35] Irifune T, Kunimoto T, Shinmei T, et al. High pressure generation in Kawai-type multianvil apparatus using nano-polycrystalline diamond anvils. C. R. Geoscience, 2019, 351 (2 - 3): 260 - 268.

[36] Xu J A, Mao H K, Bell P M. High-pressure ruby and diamond fluorescence: observations at 0. 21 to 0. 55 terapascal. Science, 1986, 232 (4756): 1404 - 1406.

[37] Ito E. Sintered diamond multi anvil apparatus and its application to mineral physics. J. Mineralogical and Petrological Sciences, 2006, 101 (3): 118 - 121.

[38] 王文丹, 贺端威, 王海阔, 等. 二级 6 - 8 型大腔体装置的高压发生效率机理研究. 物理学报, 2010, 59 (5): 3106 - 3115.

[39] Ishii T, Shi L, Huang R, et al. Generation of pressures over 40GPa using Kawai-type multi-anvil press with tungsten carbide anvils. Rev. Sci. Instr. , 2016, 87 (2): 024501.

[40] Kunimoto T, Irifune T, Tange Y, et al. Pressure generation to 50GPa in Kawai-type multianvil apparatus using newly developed tungsten carbide anvils. High Pressure Res. , 2016, 36 (2): 97 - 104.

[41] Takayuki I, Yamazaki D, Tsujino N, et al. Pressure generation to 65GPa in a Kawai-type multi-anvil apparatus with tungsten carbide anvils. High Pressure Res. , 2017, 37 (4): 507 - 515.

[42] Yamazaki D, Ito E, Yoshino T, et al. High-pressure generation in the Kawai-type multianvil apparatus equipped with tungsten-carbide anvils and sintered-diamond anvils, and X-ray observation on $CaSnO_3$ and (Mg, Fe) SiO_3. C. R. Geoscience, 2019, 351 (2 - 3): 253 - 259.

[43] Wentorf R H, Jr, DeVries R C, Bundy F P. Sintered super-hard materials. Science, 1980, 208: 873 - 880.

[44] Irifune T, Utsumi W, Yagi T. Use of a new diamond composite for multianvil high-pressure apparatus. Proc. Japan Acad. , 1992, 68 (10): 161 - 166.

[45] Ohtani E, Kagawa N. High-pressure generation by a multiple anvil system with sintered diamond anvils. Rev. Sci. Instr. , 1989, 60: 922.

[46] Akahama Y, Kobayashi M, Kawamura H. Sintered diamond anvil high-pressure cell for electrical resistance measurements at low temperatures up to 50GPa. Rev. Sci. Instr. , 1993, 64: 1979.

[47] Tange Y, Irifune T, Funakoshi K. Pressure generation to 80GPa using multianvil apparatus with sintered diamond anvils. High Pressure Res. , 2008, 28 (3): 245 - 254.

[48] 山崎大輔. 焼結ダイヤモンドアンビルを組み込んだ川井型高圧装置による圧力発生. 高圧力の科学と技術, 2011, 21 (4): 272 - 277.

[49] Irifune T, Kurio A, Sakamoto S, et al. Ultrahard polycrystalline diamond from graphite. Nature, 2003, 421: 599, 600.

[50] Kunimoto T, Irifune T, Sumiya H. Pressure generation in a 6 - 8 - 2 type multi-anvil system: a performance test for third-stage anvils with various diamonds. High Pressure Res. , 2008, 28 (3): 237 - 244.

[51] Kunimoto T, Irifune T. Pressure generation to 125GPa using a 6 - 8 - 2 type multianvil apparatus with nano - polycrystalline diamond anvils. J. Phys. : Conf. Series (Joint AIRAPT-22 & HPCJ-50), 2010, 215: 012190.

[52] Irifune T, Isobe F, Shinmei T. A novel large-volume Kawai-type apparatus and its application to the synthesis of sintered bodies of nano-polycrystalline diamond. Phys. of the Earth and Planetary Interiors, 2014, 228: 255 - 261.

[53] Wakatsuki M. A simple method of selecting the materials for compressible gasket. Japan J. Appl. Phys. , 1965, 4 (7): 540.

[54] 若槻雅男. 超高圧下の物質の塑性流れとコンプレシブルガスケット. 塑性と加工, 1966, 7: 536 - 542.

[55] Wakatsuki M, Ichinose K, Aoki T. Notes on compressible gasket and Bridgman-anvil type high pressure apparatus. Japan J. Appl. Phys. , 1972, 11 (4): 578.

[56] 若槻雅男，市瀬多章，青木寿男. コンプレッシブル·ガスケットの挙動. 圧力技術，1975，13（6）：245-252.

[57] 陶知耻，蒲正行. 赵家台叶蜡石的品种类型、矿物相变及其对合成金刚石的影响. 中国科学，1977，2：173-181.

[58] 徐文炘，李蔼，郭陀珠. 我国传压介质材料——叶蜡石矿物的基本特征. 矿产与地质，2003，17（5）：56-58.

[59] 方虎啸. 中国超硬材料新技术与进展. 合肥：中国科技大学出版社，2003.

[60] 陈丽英，刘秀茹，吴学华，等. 用 Bridgman 压砧研究我国几种叶蜡石的剪切强度. 珠宝科技，2004，16（4）：6-10.

[61] 胡云，陈丽英，刘秀茹，等. 不同加载压力下平面对顶砧间叶蜡石封垫力学状态的演变. 高压物理学报，2015，29（6）：401-409.

[62] 山本昇次郎. 流体高压力測定の動向. 高压力の科学と技術，1993，2（2）：146-150.

[63] Decker D L. Equation of state of NaCl and its use as a pressure gauge in high-pressure research. J. Appl. Phys.，1965，36：157.

[64] Decker D L. Equation of state of sodium chloride. J. Appl. Phys.，1966，37：5012.

[65] Jeffery R N，Barnett J D，Vanfleet H B，et al. Pressure calibration to 100 kbar based on the compression of NaCl. J. Appl. Phys.，1966，37：3172.

[66] Decker D L. High-pressure equation of state for NaCl，KCl，and CsCl. J. Appl. Phys.，1971，42：3239.

[67] Hall H T. Fixed points near room temperature // Lloyd E C. Accurate Characterization of the High-Pressure Environment. Washington D C：NBS Spec. Publ. 326，1971：313-314.

[68] Bean V E，Akimoto S，Bell P M，et al. Another step toward an international practical pressure scale：2nd AIRAPT IPPS task group report. Physica B + C，1986，139-140：52-54.

[69] Manghnani M H，Akimoto S. High Pressure Research：Applications in Geophysics. New York，San Francisco，London：Academic Press Inc.，1977：493-636.

[70] Liu L，Bassett W A. Element，Oxides，and Silicates，High Pressure Phases with Implication for the Earth's interior. New York：Oxford Univ. Press，1986：110，111.

[71] Mirwald P W，Getting I C，Kennedy G C. Low-friction cell for piston-cylinder high-pressure apparatus. J. Geophys. Res.，1975，80：1519.

[72] 洪时明，罗湘捷，王永国，等. 600～760℃ 范围内超高压力的测定——铅熔点法. 高压物理学报，1989，3（2）：159-164.

[73] 刘秀茹，吕世杰，苏磊，等. Bridgman 压砧几种内加热方式及其温度测量. 高压物理学报，2007，21（4）：444-448.

[74] 袁朝圣，刘秀茹，何竹，等. Bridgman 压砧上叶蜡石封垫预烧工艺与内加热方式的改进. 高压物理学报，2016，30（4）：271-276.

[75] Bridgman P W. Thermo-electromotive force，Peltier heat，and Thomson heat under pres-

sure. Proc. Amer. Acad. Arts Sci. , 1918, 53 (4): 269 - 386.

[76] Birch F. Thermoelectric measurement of high temperatures in pressure apparatus. Rev. Sci. Instr. , 1939, 10: 137.

[77] Bundy F P. Effect of pressure on emf of thermocouples. J. Appl. Phys. , 1961, 32: 483.

[78] Young A P, Robbins P B, Wilson W B, et al. Measurement of pressure effect on the Seebeck coefficient of powder compacts. Rev. Sci. Instr. , 1960, 31: 70.

[79] Bradley R S, Jamil A K, Munro D C. The electrical conductivity of olivine at high temperatures and pressures. Ceochim. Consmochim. Acta, 1964, 28: 1669 - 1678.

[80] Getting L C, Kennedy G C. Effect of pressure on the emf of Chromel-Alumel and Platinum-Platinum 10% Rhodium thermocouples. J. Appl. Phys. , 1970, 41 (11): 4552.

[81] Hanneman R E, Strong H M. Pressure dependence of the emf of thermocouples. J. Appl. Phys. , 1966, 37 (2): 612.

[82] Eremets M I. High Pressure Experimental Methods. Oxford: Oxford Univ. Press, 1996: 205 - 232.

[83] 郑海飞. 金刚石压砧高温高压实验技术及其应用. 北京: 科学出版社, 2014: 142 - 152.

第 2 章
大腔体高压装置上的物性测量

在高压力作用下，组成物质的原子分子间的相互作用力及其位置关系会发生相应的改变，引起密度、微观结构以及电子状态等发生改变，导致其宏观的物理性质改变。因此，通过实验调查各种物质的物理性质随压力变化的规律及其原因，对进一步认识高压下物质变化的本质很有帮助，也能为高压技术的应用提供依据。以下按照力学、热学、电学、磁学、光学这几类基本的物理性质，分别介绍一些典型的测量方法及其原理。

2.1 高压下力学性质的测量

液体的压缩率、黏性，固体的压缩率、弹性波速率、应力应变关系以及屈服强度等都属于与力学相关的性质。高压下测量这些性质的方法很多，原理各不相同。以下在叙述中若未特别说明均指高压下的测量。

2.1.1 压缩率及其测量方法

当物质体系在一定压力和温度范围内均匀受压时，其压缩行为可归结为物质体系的压力、体积和温度（p-V-T）三者间的关系，即状态方程。压缩率是直接体现 p-V 关系的物理量。一般情况下，它可以想象为构成物质的原子或分子间距离随压力的增大而减小，与此同时，粒子间相互作用力发生变化，直至与外力达到平衡。当外力不超过某一限度时，由粒子间位移产生的整体压缩形变是可逆的，表现为弹性形变。在一定温度下，弹性形变中体积与压力的关系可用等温压缩率 κ_T 表示

$$\kappa_T = -\frac{1}{V} \cdot \left(\frac{\partial V}{\partial p}\right)_T$$

最简单的测量压缩率的方法是活塞位移法，即将样品安放在活塞圆筒式高压装置中，在活塞对样品加压的同时，采用精确的位移计测量出活塞的实际位移，计算出样品在不同压力下体积的变化，得出体积与压力的关系。在计算压力时，扣除摩擦等带来的损耗，在计算体积时对高压容器本身变形带来的误差给以修正。正是采用这种方法，Bridgman 对许多物质的室温压缩率做了测量[1]，Swenson 以及 Stewart 等还进行了低温下物质压缩率的测量[2,3]。

更直接的测量压缩率的方法是 X 射线衍射法，即对处于高压下的样品直接进行原位 X 射线衍射，测定其晶格常数随压力的变化[4]。这种方法早期成功的例子如 NaCl 的状态方程[5,6]，它与其他实验方法的测量结果以及理论计算结果符合得很好，以致 NaCl 晶格常数成为在一定范围内测定压力的一种标准[7]。后来，随着同步辐射 X 射线光源与 DAC 结合技术的提高，这类方法被成功地应用于许多物质在更高压力范围内状态方程的研究[8-13]。

压缩率也可以通过超声波测量物质中的声速来推算，原理上可得出准确的值。例如，将样品夹在石英晶体换能器间测量，样品中的横波及纵波速度与绝热压缩率之间的关系如下[14]：

$$\frac{1}{\kappa_s} = \rho\left(v_l^2 - \frac{4v_t^2}{3}\right)$$

其中，κ_s 为绝热压缩率；ρ 为密度；v_l 和 v_t 分别为横波和纵波的声速。将其变换成等温压缩率：

$$\kappa_T = \kappa_s + \frac{\beta^2 T}{\rho C_p}$$

其中，β 为热膨胀率；C_p 为定压比热。用这种方法已经测到许多材料和矿物在高压下的压缩率。超声波测量的实验方法在 2.1.2 节中介绍。

固体的压缩率还可以通过缠绕在样品上的线圈的电感变化来间接测量。电感与缠绕样品的线圈所占空间体积有关。设体积 V 的线圈电感为 L，则有 $L \propto V^{\frac{1}{3}}$ 的关系。将缠有线圈的样品置于高压环境中，只要测量到线圈电感随压力变化的数据，即可通过电感与体积的关系得出压缩率[15]。

另外，压缩率还可以用测量物质折射率的方法来测定。Szigeti 根据立方晶系双原子晶体中电子偏移与排斥力的关系导出压缩率与偏振光频率间的关系。实验上用这种方法测出了多晶 MgO 和固态 Ar 等物质的压缩率[16-18]。

根据早期大量的实验和相关的理论计算[19,20]，人们发现常压下单质固体物质的压缩率随原子量增加呈周期性起伏变化，其周期与元素周期表吻合。压缩率与原子外层电子的结构和价电子密度有关。价电子密度低的碱金属，压缩率较大，随着原子序数增加，外层电子呈周期性变化，压缩率也显示出相应的变化。但随着压力增高，这种周期性特征变得越来越不明显，这被认为是与高压下外层电子密度的改变相关。

此外，人们还发现分子晶体（即分子间以范德瓦耳斯力结合的晶体）压缩率最大，离子键晶体次之，金属键晶体的更小，共价键晶体（如金刚石）的压缩率最小，不同类型晶体分别呈现自己的规律。可见压缩率本身与固体内部原子分子间相互作用的方式密切相关[14]。

对于更加复杂的体系，如多元合金、无序的玻璃、具有团簇结构或纳米结构的凝聚态物质，在压缩特性方面还有许多问题尚待弄清。

2.1.2　弹性波速的测量

高温高压下岩石与矿物弹性波速的测量，可以为讨论地震波速与深度、密度、组分的关系提供实验数据，成为地学研究的重要依据。如果测量出岩石在高温高压下的纵波速度、横波速度、密度，便可以推算出一些相关的力学参数，如杨氏模量、泊松系数、剪切模量、体积模量、拉梅常数等[21]。

对于体积较大的样品，弹性波测量可在大压机上进行，只要测量和记录弹性波信号通过样品的走时和行程即可获得其波速。信号的发生和接收采用换能器，其工作原理为晶体的压电效应，即晶片受脉冲电信号激励后产生振动（逆压电效应）发出振动信号；晶片受迫振动时产生相应的电信号（正压电效应）。测量方法有：透射法、反射法、干涉法，以及透射反射结合等。代表性的工作如下。

1）脉冲透射法检测

20 世纪 60 年代，Birch 发表了大量岩石和矿物在高压下的弹性波测量结果[22,23]。实验在活塞圆筒式装置上进行，采用液体传压介质，在 0.01～1.0GPa 压力范围内，室温下测量各种样品的弹性波纵波速度；样品大小为：直径 25mm，长 50～100mm，通过紧贴在样品两端的换能器发射或接收脉冲信号，测量信号行程和走时以获得弹性波速。实验组装如图 2-1 所示。他的工作推动了高压岩石波速测量实验的发展，此后几十年，各国研究者在多种高压装置上进行了各具特色的测量弹性波速的实验，力求扩大压力和温度范围，以更加接近地球内部不同深度的条件。

1967 年，Davis 和 Gordon 用活塞-圆筒装置测量了汞（mercury）的声速，最高压力达到 1.3GPa[24]。

1977 年，Ito 等在六面顶装置上，使用固体传压介质，在 5.0GPa、600℃ 条件下，对直径 4mm、长 4mm 的样品，采用 $LiNbO_3$ 单晶在不同方向上的切片分别作为纵波和横波的换能器，测量了若干种物质的纵波速度和横波速度[25]。在以上

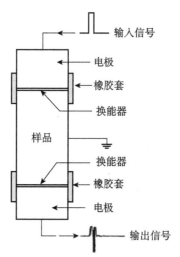

图 2-1　Birch 测量弹性波实验组装示意图[22,23]

工作中，换能器都是放置在高压腔内直接与样品接触的。

1982 年，Kern 在六面顶压机上，通过压砧对压块整体进行加热，并将换能器放置在两个相对压砧背后，以使换能器性能免受加压和加热的影响[26]。在计算波速时，扣除压砧中的走时即可。实验样品为边长 43mm 的立方体，在 0.6GPa、750℃条件下，测量了大量岩石样品的纵波速度和横波速度。

1993 年，谢鸿森等对实验方法又做了改进。如图 2-2 所示，实验采用六面顶压机，换能器安放在压砧背后，将带有不锈钢箔加热套的圆柱形样品安放在立方体固体传压介质中，在 0.2~5.5GPa 压力，室温~1500℃温度范围内，同时测量纵波速度和横波速度。高压下样品长度的改变靠连接在压砧上的位移计测量。实验明显提高了弹性波测量的温度和压力范围[27,28]。

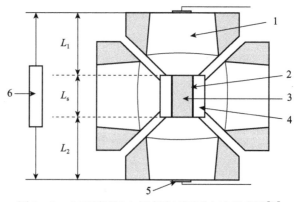

图 2-2　六面顶压机上超声波速测量方法示意图[27]
1：压砧；2：加热管；3：试样；4：传压介质；5：换能器；6：位移计

2）脉冲反射法及超声波干涉法测量

通过测量样品上下端面反射的脉冲信号的时间差和样品厚度，也可以测量弹性波速。进而，利用两个端面反射的连续波产生干涉的方法，还可测量小尺寸样品在高压下的弹性波速。Li 等在 6-8 式二级加压装置上，采用固体传压介质，在 12.5GPa、室温，以及 10GPa、1000℃等条件下，对毫米量级的样品，分别测量纵波速度和横波速度；换能器安放在压砧对角背面的自由面上[29-32]。

这种方法是通过连续改变测试信号的发振频率，获得交替出现的相长干涉和相消干涉，在振幅谱上可得一系列最大值和最小值的包络线，再根据第 p 次和第 $p+n$ 次干涉极大值的频率 f_p 和 f_{p+n} 估算出表观传播时间 t'：

$$t' = \frac{n}{f_{p+n} - f_p}$$

实验表明，在 40MHz 以上频率范围，t' 趋于稳定，取其为测量结果，误差小于 0.3%。这种方法适于在较小的样品上测量，精度较高。图 2-3 是在 6-8 二级压砧装置中进行超声波干涉测量的组装示意图。

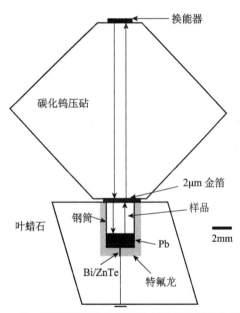

图 2-3　在 6-8 二级压砧装置中进行超声波干涉测量的组装示意图[29]

此外，为了尽可能排除实验测量的误差，刘永刚等采用了脉冲透射与反射相结合的测量方法，认为这样的方法可以使所得的数据更加精确可靠[33]。近年来，他们还提出一种高压下样品长度限制技术，其关键的改进是利用带沟槽的碳化钨（WC）框架作为声波反射体，这种具有高体弹模量的反射体同时也是样品的开放式容器，在实验压力范围内可保持沟槽内的液体样品或相对较"软"物质的样品在测量方向上的有效长度基本不变，同时又能通过容器的开放侧面与传压介质接触，使样品处于准静水压条件下，克服了高压下难以确定液体样品厚度的困难。这一技术已成功用于液态钠[34]、水[35]、锡[36] 和非晶态硒[37] 的声速测量。王志刚等用这种方法测量了水在 4.2GPa 和 500K 条件下的声速。图 2-4 （a）表示他们实验中的样品组装，图 2-4 （b）是硬质合金反射体。

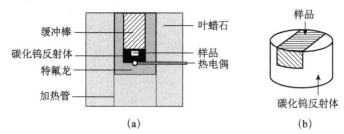

图 2-4　六面顶压机上测量水在高压高温下声速实验的样品组装（a）
和硬质合金反射体（b）示意图[34-37]

3）与同步辐射 X 射线技术结合的超声测量

2002 年，Kung 和 Li 等在大腔体压机上通过超声测量与同步辐射 X 射线成像技术结合，在同一次实验中成功测量了弹性波速和样品长度在高温高压条件下的变化，研究了几种矿物材料在高温高压下的转变行为，2004 年，实验压力和温度达到 13GPa 和 1300K[38-40]。2008 年，Higo 和 Irifune 等进一步增大了压力和温度范围，在约 19GPa 和 1673K 的条件下，将声速测量技术与同步辐射 X 射线成像及 X 射线衍射技术相结合，通过同时测量声速和密度，研究了地幔物质组成的变化[41]。2014 年，在大腔体压机上超声干涉测量技术与同步辐射 X 射线技术结合的实验压力和温度达到 25GPa 和 1800 K 范围[42]，这类实验技术的进展对地球深部矿物行为的研究有重要意义。关于 X 射线相关的实验技术将在 2.4 节再介绍。

高压下的声速还可以通过布里渊散射等方法来测量，这需要压砧具有透光性，在 DAC 装置上利用这种方法可以大大提高测量的压力范围，相关原理在郑海飞关于 DAC 的书中有详细介绍[43]。

2.1.3　固体材料单向拉伸与压缩性能测量

当外力在固体材料中呈不均匀分布时，如：单向拉伸、单向压缩等情况下的力学性质，可用应力应变关系去描述和评价。通常，在一定受力范围内，材料表现为可逆的弹性形变；超过了弹性形变的条件范围，则会发生塑性形变以及断裂破坏，这些性质可用屈服强度来描述。常压下固体的这些性质在材料力学中已有丰富的实验和完备的理论，而高压下对固体材料的这类力学性质的研究还相当有限。

关于高压下固体材料单向拉伸与压缩的实验，最早成功的是 Bridgman[44]，其实验装置原理如图 2-5 所示。Bridgman 采用活塞圆筒式压力容器，圆筒预压嵌入钢套，筒内以液体为传压介质，在上下活塞端面装有固定试样棒的夹具。当上下活塞相互靠近时，液体被压缩，腔内压力增加，同时试样棒被拉伸或压缩。腔内压力靠锰铜丝电阻压力计实时测量，试样棒的受力和位移则通过上下活塞测量。用这样的装置可以研究固体材料在高压环境中的拉伸或压缩行为。Bridgman 对许多金属材料的拉伸和压缩强度进行了测量，环境压力最高达 3GPa。但在这种实验过程中，样品的环境压力是不断变化的，尽管可以测出材料屈服时的实际压力，但在整个拉伸或压缩过程中压力条件并非恒定。后来，科学家对上述方法进行了各种改进，包括采用另一个液压源通过管道来控制和保持腔内压力，或将试样棒夹持在独立于上下活塞的支架与活塞中心的柱塞上，等等[45]。

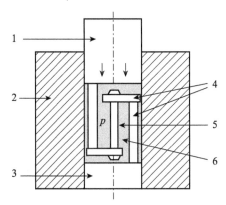

图 2-5　Bridgman 测量高压下固体材料单向拉伸与压缩的实验原理示意图[44,45]
1：上活塞；2：圆筒；3：下活塞；4：夹具；5：试样；6：传压介质

2.1.4　固体材料屈服强度的测量

1935 年，Bridgman 曾采用挤压旋转的圆柱形压砧研究了被压在中间的圆片样品的剪切行为，通过测量不同压力下样品开始发生塑性流动前的剪切应力得出其剪切强度与压力的关系，共研究了五十多种物质，发现在 5GPa 压力下，样品的剪切强度比常压下提高 10 倍或更高[46]。

后来，随着平面对顶压砧的利用，特别是 DAC 的成功，这方面研究有明显进展。首先，处于平面对顶压砧之间的圆片状样品在受压变形达到稳定时，有从中心到边缘被挤出的趋势，样品中压力呈中心高边缘低的径向分布，除了靠近中心小范围的弹性形变区域以外，周围塑性形变区域中的压力梯度是靠样品与压砧表面之间的静摩擦力与被压材料的剪切强度来维持的，如图 1-20 所示，样品中压力与剪切强度的关系可以表达为 $\delta p(r)/\delta r = 2\tau(r)/t(r)$，其中，$p$ 为压力；τ 为剪切强度；r 为半径；t 为样品厚度[47,48]。采用红宝石荧光法可以测量出 DAC 中样品不同位置的压力，从压力分布曲线就能得出径向压力梯度，结合显微镜对样品厚度的精确测量，即可得出剪切强度。这种方法的代表性工作如：铁橄榄石以及金属钼等在高压下的剪切强度的测量[49,50]。

DAC 与同步辐射 X 射线衍射（XRD）结合，使测量材料屈服强度的工作延伸到更高的压力范围。主要方法有：通过分析晶格应变与衍射峰位置偏移的关系，以及分析多晶体中晶粒接触部微区应变与衍射峰展宽的关系来进行研究。成功的例子如：最高压力超过 220GPa 条件下铁的弹性和流变性质的研究[51]，不同压力温度条件下 SiC 强度的研究[52]，以及 69GPa 压力范围内金属钨的静压强度研究等[53]。

2.1.5 流体密度及黏性的测量

流体的密度和黏性也与原子分子间的相互作用密切相关。测量高压下流体的密度和黏性对于研究地球及行星内部物质的状态、变化和动力学行为都有十分重要的意义。实验上，高压下流体的密度和黏性可以通过观察流体中固体小球的升降行为去测量。这种实验需要有较大腔体的压机，以及能对其中的样品腔透视成像的装置。采用同步辐射 X 射线照相术与大压机结合可以有效地进行这些测量。

例如：在待测流体中放置已知密度的小球，观察小球是上升还是下降来判断流体密度是小于还是大于小球密度，通过多个不同密度小球沉浮行为的对比，即可给出流体密度值的范围。另外，还可以采用密度较大的小球，拍照记录不同时间点小球在流体中所处的位置，得出其沉降速率，再通过流体力学中的斯托克斯公式计算出高温高压下熔体的黏度[54,55]。与此相关的光学测量方法将在 2.4 节中介绍。

2.2 高压下热学性质的测量

尽管在静高压实验中通常不考虑加压做功产生的热量及其影响，但在保持一定高压的情况下对样品进行加热或冷却时，高压下样品物性随温度的变化可以表现在热学行为上。另外，在加压过程中当物性发生变化的速率超过热传导速率时，也能带来可观测的热学效应。

2.2.1 相变潜热的定性测量

1）直接测量升温或降温曲线

热力学证明：物质在发生一级相变时要吸收或放出一部分热量，这种热量被称为"相变潜热"。对于在一定压力下由温度变化引起的相变，其相变潜热可以通过样品在升温或降温过程中的异常变化表现出来。在大腔体高压装置上，通常的做法是控制加热功率以一定的上升或下降速率对样品加热或冷却，同时用热电偶测量并记录样品的温度变化曲线。当相变发生时，样品温度的变化会因为潜热的吸收或放出而出现异常，在温度变化曲线上表现为附加的波峰或波谷，这种现象可作为判断相变的一种依据，曲线上波动发生的拐点处所对应的温度，就是相变起始温度。这种测量相变温度的方法特别适用于相变潜热较大的物质，如金属的固液相变（融化或凝固）点等[56]。近年来，洪时明等曾采用热电偶测量相变潜热的方法，在活塞圆筒装置上探索过离子液体的相变或反应[57]，在滑块式六面顶压机上调了非晶硒晶化温度与压力的关系[58]，还调查了非晶硫从玻璃态向液态转变过程中发生反常放热的压力、温度和时间，图 2-6 为样品组装和部分测量结果[59]。

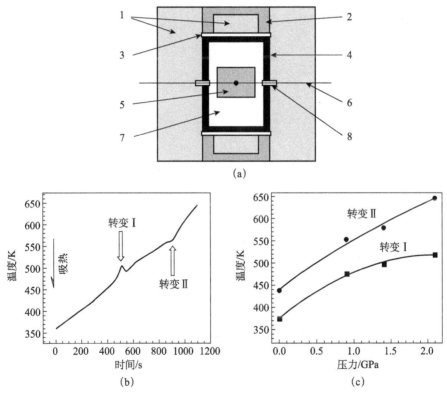

图 2-6　非晶硫从玻璃态向液态转变过程中反常放热测量例[59]

(a) 六面顶压机上的样品组装（1：叶蜡石；2：钢堵头；3：钢片；4：碳管；

5：非晶硫块；6：NiCr-NiSi 热电偶；7：hBN；8：氧化铝绝缘管）；

(b) 在 0.9GPa 压力下温度变化曲线（升温速率 10K/min）；

(c) 不同压力下的转变起始温度（升温速率 10K/min）

另外，通过对压力变化过程中样品温度的实时测量，还在硬质合金平面对顶压砧上利用快速加压过程探索过金属玻璃发生压致相变的可能性[60]。这些实验表明，测量温度曲线的方法在多种大腔体高压装置上都可行，除了研究高压相变以外，还可用于研究高压下的化学反应。

2）差热分析法

差热分析（differential thermal analysis，DTA）是一种更加灵敏准确的测量相变潜热的方法。许多物质在高压下的固液相变曲线以至固固相变曲线都可以用这种方法测量得出。它的原理是使用两只热电偶，分别测量样品温度和参照点的温度，其中参照点应选在离开样品但又能尽量反映样品环境温度的地方[61]。在高压下对样品加热或冷却的过程中，同时记录参照点的温度和两只热电偶间的电动势之差。当样品发生相变时，样品温度的变化因潜热而出现异常，此时参照点的温度仍保持正常变化，而两热电偶电动势之差则会清晰地显现出潜热带来的附加变化，出现一个尖峰或锐谷，它比单热电偶测量的拐点更容易识别和记录。这个信号所对应的温度就是高压下物质的相变温度。图 2-7 是高压下差热分析实验例[62]。

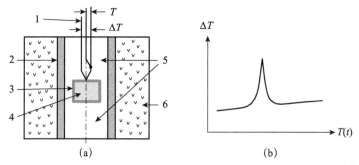

图 2-7　高压下差热分析实验组装示意图（a）和测量记录例（b）[62]

1：热电偶；2：石墨管；3：金属盒；4：样品；5：hNB；6：滑石

另外，差热分析法与直接测量温度的方法一样，也可以用于测量由压力变化（加压或降压）引起的相变，前提是物性变化的速率超过热传导速率。但不管是利用温度变化过程还是压力变化过程，上述测量相变潜热的方法都只是定性的或半定量的，可以判断相变起始温度，或比较潜热的相对大小，却难以给出热量收支的准确值，不能像常压下示差扫描量热法（differential scanning calorimetry，DSC）那样进行定量分析。

2.2.2　热传导率的测量

热传导率可用一定温度梯度下单位时间内通过单位横断面的热量 q 来定义。即 $q = \lambda (\mathrm{d}T/\mathrm{d}y)At$，其中，$\lambda$ 为热传导率；$\mathrm{d}T/\mathrm{d}y$ 为温度梯度；A 为横断面积；t 为时间。原理上可以通过测量相关参数后计算出样品的热传导率。但在高压装置中通常很难测得热量 q 的定量数据，因此难以得出热传导率的准确值。尽管如此，仍可通过测量热传导率的相对变化来研究样品的物性变化及其相变。热传导率与物质内部晶格振动以及电子运动状态等密切相关，因此，其相对变化可以帮助我们了解高压对物质微观结构的影响。

有一种典型的对比测量方法被称为热导率示差分析法（differential thermal conductivity analysis，DTCA）。这种方法曾被用于测量铁的 α 相（体心立方）到 γ 相（面心立方）的相平衡线，图 2-8（a）和（b）表示在 Belt 装置上的样品组装[63]。实验中通过控制加热管在样品腔上下两端形成一定的温度差，在样品腔中对称的位置并列竖放长条形的待测样品和对照用的标准样品，中间安有厚层隔热材料。标准样品选用在实验压力、温度范围内不发生相变的材料，例如：在测量 Fe 的 α-γ 相变时采用 Ni 作为标准样品，用热电偶分别在线测量两样品中部的温度。首先将样品加压并保持在一定的高压，然后逐渐改变温度，当样品没发生相变时，两种材料两端的温度差是一致的，温度梯度也一致，故中部温度相同；但当高压下样品某一端的温度上升或下降到引起相变时，样品首先从那一端开始发生相变，并随着温度继续改变而向另一端扩展，在此过程中，相变部分热传导率的改变会引起温度梯度的改变，导致中部温度改变，从而在两样品中部之间显示出温度差（ΔT），当发生相变的部分正好占样品一半时 ΔT 最大。这时可得在一定高压下相变发生的温度。Claussen 等采用这种方法测定了 9GPa 高压范围内 Fe 的 α-γ 相平衡线（图 2-9），并认为这种热导率示差分析法比差热分析法更有利于测量相变潜热小的样品，在加热或冷却速率不大的情况下能得出更加接近平衡状态的测量值[63]。原理上，这种测量也可以在保持一定温度差条件下的逐渐升压或降压的过程中来进行。

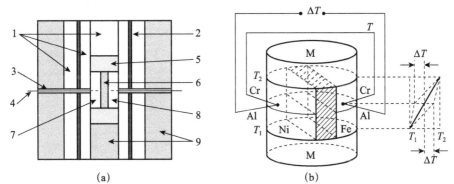

图 2-8　热导率示差分析法组装示意图（a）和中心部分示意图（b）[63]

1：氧化铝；2：Ni 加热管；3：绝缘管；4：热电偶；5：金属块；6：隔热层；

7：对照标准样品（Ni）；8：测试样品（Fe）；9：叶蜡石

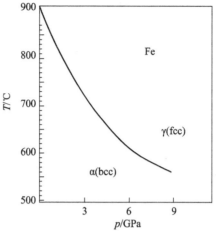

图 2-9　采用热导率示差分析法测量的铁 α-γ 相变曲线[63,64]

2.2.3　热扩散率的测量

热扩散率（thermal diffusivity）$\alpha = \lambda/\rho c$，其中，λ 为热传导率；ρ 为密度；c 为比热，是一个能反映物体在热传导过程中温度变化性质的物理量。高压下热扩散率与压力和温度的依存关系可以通过比较法来测定，即所谓"温度波法"[65]。图 2-10 给出一个在四面对顶压砧装置上使用这种方法的例子。在石墨加热管上通过低频断续加热产生一个"矩形温度波"，在样品中距发热体不同距离的两点分别采用热电偶测量并记录温度变化曲线。根据两点温度变化曲线的振幅和相位差可以求出热扩散率。这种方法曾被成功地用于测量 NaCl、Mg_2SiO_4 等粉末样品的热扩散率[65]。

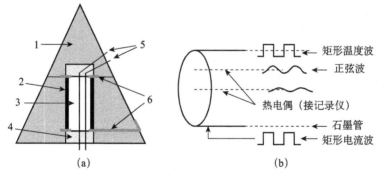

图 2-10　高压下热扩散率测量组装（a）和样品中的信号分布（b）示意图[65]
1：叶蜡石；2：石墨加热管；3：试样；4：堵头；5：热电偶；6：钼电极

2.3　高压下电学与磁学性质测量

2.3.1　电阻的测量

超高压下样品电阻的测量可采用带恒流电源的两探针法，即将样品接入一个简单的串联回路，在加压的同时，测量通过样品的电流值和样品两端的电压值，便可得出电阻值随压力的变化。这种方法较适合于测量线状样品。也可采用四探针法（又叫四端子法）。四探针法较适合于片状样品，其原理和布线方式可参见第 3 章中的具体介绍。

在 Belt 式以及多面体式大型加压装置中，测量回路的导线可穿过压砧间狭缝中的绝缘封垫材料引出，但因在加压过程中封垫材料的变形容易导致断路等故障，故可利用彼此绝缘的两个压砧作为测量端，使测量线路组装更加简单可靠。如果两压砧间原是通过机体或加热电路有旁路连通，那么只需选择合适的位置加绝缘垫片或采取暂时拆开等措施即可隔断。在活塞圆筒装置上，通常需采取在活塞或圆筒上打孔，再加绝缘管的方法安放测量导线。平面对顶压砧则比较容易从绝缘的垫片中引出导线，也可以直接采用两个压砧作为测量端。无论哪种装置，在样品腔很小、压力较高的情况下，若要保证细小样品和测量线路在加压过程中不致发生过大变形或被破坏，则需要特别精确仔细的操作。

在高压下测量电阻方面，Bridgman 最早在活塞圆筒高压装置上做出了一系列开创性工作，后来也利用平面对顶压砧装置测量过多种物质的电阻。他在 10GPa 压力范围内发现许多金属都存在压力引起的电阻突变，其突变点与压力存在各自确定的关系，如图 1-25 所示的 Bi、Tl、Cs、Ba 在室温下电阻随压力变化的关系[66]。

后来，结合 X 射线衍射等研究表明大多数金属电阻的异常变化是在晶格结构发生改变时发生的，而某些情况下压力引起的电阻变化则是在晶格保持不变而电子状态改变时发生的。因此，电阻随压力的改变成为研究高压下物质发生相变的一个重要依据。另外，一些物质已知的相变与压力的对应关系也成为对实验装置进行压力标定的依据（参看 1.2.3 节）。

但即使对最简单的碱金属的电阻变化也很难做出定量的理论解释。往往只能定性地说明。一般认为压力对金属电阻的影响主要有几方面原因：晶格振动状态的变化改变了电子与声子的相互作用；费米能级和费米面的改变；正常过程（normal process）和反转过程（umklapp process）比例的变化；能带重叠状态和电子分布状态的改变；杂质和缺陷的变化使电子散射情况改变等。

不仅金属，许多半导体或绝缘材料也显示出电阻随压力变化的情况。20 世纪 60 年代，Drickamer 等在 60GPa 范围测量了各种物质电阻，发现 I、Se、Si、Ge 等绝缘体和半导体，包括Ⅲ-Ⅴ族、Ⅱ-Ⅵ族半导体以及有机半导体，在高压下都会变成金属状态[67-69]。图 2-11 是几种半导体晶体压致金属化相变的例子。考虑到高压下固体中原子间距通常会随压力而减小，这类电阻变化一般可以用能带论给予解释。这方面研究无疑加深了人们对半导体材料导电机理的认识。

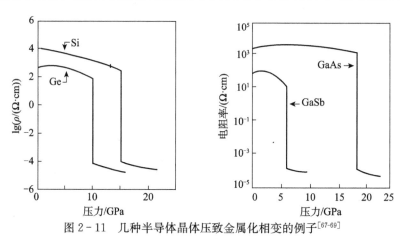

图 2-11　几种半导体晶体压致金属化相变的例子[67-69]

近年来，高压下测量电阻最引人注目的成果是在超导材料及其机理的研究方面。自从 20 世纪 80 年代人们发现液氮温区的铜酸盐高温超导体以来，高压实验就成为探索合成新型超导材料的一种普遍手段。1993 年，Chu 等通过对 $HgBa_2Ca_2Cu_3O_{8+\delta}$ 在高压下电阻的测量，观察到 Hg1223 相在 15GPa 压力下，超导临界温度出现在 150K 以上[70]，很长一段时期，其他材料超导临界温度的实验结果被认为都没超过这一温度。另外，许多不同体系的材料也被发现在高压下可以转变为超导体。例如，2001 年，Erements 等在 DAC 装置上采用四探针法测量电阻，发现室温下单质 B 的电阻随压力增加而明显下降，在 160GPa 以上压力和一定低温下转变为超导体，超导临界温度 T_c 呈现出随压力升高而升高的趋势，其电阻测量实验的压力超过 250GPa[71]。

2015 年，Erements 等发现硫化氢（H_2S）在 150GPa 高压下具有 203 K 的超导临界温度，这一重要结果就是通过高压下电阻和磁化强度测量取得的[72]。2019 年，同样通过在 DAC 装置上采用四探针法测量电阻，Somayazulu 等进一步发现氢化镧（$LaH_{10\pm x}$）在 180~200GPa 高压下超导临界温度高达 260K[73]，

图 2-12 显示 188GPa 高压下氢化镧样品的电阻测量结果。2020 年，Snider 等还发现 C－S－H 体系在 267GPa 高压下其超导临界温度可达到 287.7K[74]。这些实验结果不仅使室温超导的梦想基本成为现实，而且为超导机理的解释提供了有力的实验依据。

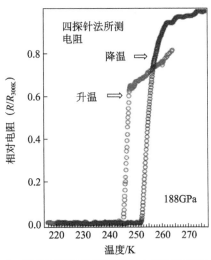

图 2-12　超高压下氢化镧的相对电阻与温度的关系[73]

　　为了提高在高压下细小样品电性能测量的精确性和稳定性，高春晓等采用光刻与镀膜技术，在 DAC 装置上开展了电阻精细测量的研究。如：将金属钼溅射在金刚石砧端面上形成所需的微型电路，再镀上氧化铝膜以使电极与金属封垫之间绝缘，并抑制电极在高压下的塑性变形；同时还在金属封垫表面也镀上氧化铝膜以确保绝缘。研究者通过一系列实验证明：这种规整的微型电路有利于更精确地进行高压下样品的电性能测量。他们采用这种技术在 36GPa 高压范围内研究了 ZnS 纳米晶样品的相变[75]，以及高压下几种半导体多晶材料晶界对整体电阻的影响[76-78]。进而利用氧化铝本身的隔热性能，将这种微型电路与激光加热相结合，研究了高温高压下熔岩样品的电性能等[79,80]。在高温实验中还可采用镀膜和光刻方法在 DAC 上制作 W－Ta 膜状热电偶，在高压下对其热电动势进行标定，并使用这种热电偶结合电阻测量对不同温度下物质的压致相变进行调查[81]。

　　虽然以上许多工作都是在 DAC 上完成的，但测量电阻的原理与大压机上的基本相同。关于 DAC 上测量电阻的具体方法将在第 3 章中介绍。

2.3.2　Hall 效应的测量

　　当通有电流的导体或半导体板置于与电流方向垂直的磁场中时，在垂直于电流和磁场方向的板的两侧之间会产生一横向电势差。这种现象是 1879 年美国物理学家 Hall 发现的，称为 Hall 效应。通过测量 Hall 效应可以确定载流子浓度，是研究半导体材料载流子浓度和导电类型的一个重要方法。高压下 Hall 效应的测量可以利用平面对顶压砧装置的两个压砧作为电磁极板来形成磁场，并采用四探针法测量样品中的电流和电势差，这种方法曾在 6GPa 压力下测量成功[82]。在 DAC 装置上也开展了测量 Hall 效应的实验，探针本身在高压下变形等问题对测量结果的影响受到关注[83,84]。高春晓等采用集成电路的制作技术在金刚石压砧表面做成细小规整且不易变形的电极，使用铁磁性硬质钢材作为压砧底座，非磁性的金属铼作为封垫，以在样品腔内形成均匀的磁场，改善了 Hall 效应的测量效果[85]。

2.3.3 介电常数的测量

对固体介电常数的压力效应的研究可采用测 RLC 电路的谐振频率的方法。用样品作为电介质做成电容器，在高压下测量其电容值的变化。但由于高压下样品体积以及线圈电感的变化，给电容值的准确测量造成一定的困难，需要采取一些对策。图 2-13 是考虑克服这些困难而设计的一种实验方法[86]。其中，圆柱形固体样品沿纵向剖成三块，中部的平板用金属膜夹起来组成一个电容器。由于电容与面间距成反比：$C = \varepsilon\varepsilon_0 S/d$，电感与线圈横截面成正比：$L = \mu_0 n^2 V$，且谐振频率为 $\omega_0 = (LC)^{-\frac{1}{2}}$，故压力引起的样品体积变化对谐振频率的影响可以在很大程度上得以克服。即测到的谐振频率的变化主要反映了固体介电常数的变化。我们知道物质的介电常数 ε 与极化率 χ_e 的关系为 $\varepsilon = 1 + \chi_e$；电介质极化的微观机理可分为两类，即无极分子的电子位移极化和有极分子的取向极化；离子晶体的极化机理主要是取向极化。实验证明高压力引起的原子分子相互作用的变化对两种极化都会有影响，通常化学键越强的物质，其介电性能受压力的影响越小。

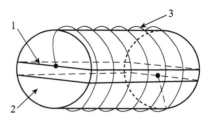

图 2-13 利用 RLC 电路测量高压下介电常数的组装示意图[86]

1：金属膜；2：样品；3：线圈

2.3.4 居里温度的测定

一般地讲，物质的磁性受压力影响不太明显，准确测定压力对磁性的影响比较困难。较早成功的例子有 Jayaraman 等用活塞圆筒装置对居里点的测定[87]，其原理如图 2-14（a）和（b）所示。将样品（稀土类物质）做成小型变压器，放在高压腔内。在初级线圈加上一个交流电压，在不同温度下测量次级线圈的输出电压，当温度达到居里点时，铁磁性物质的磁畴瓦解，磁导率为零。此时，次级线圈的输出电压便趋于零。图 2-14（c）为实验测得的 Gd 的居里点随压力变化的测量结果。McWhan 等采用类似的原理在其他高压装置上调查了多种稀土类金属的居里点以及奈尔温度随压力的变化，实验压力提高到 8GPa 以上[88]。此外，Pasnak 等在六面体压砧装置上还采用脉冲法测量了 Fe、Co、Ni、Gd 等金属在高压下的饱和磁化强度[89]。

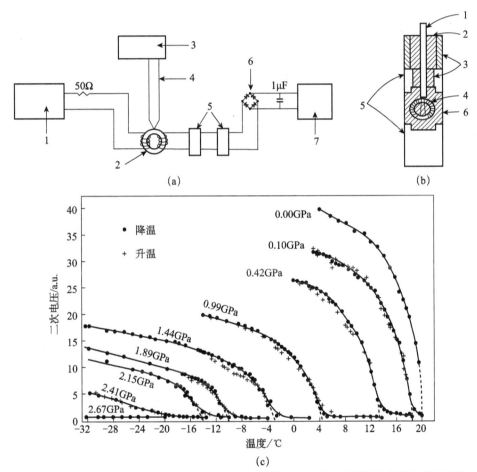

图 2-14　（a）高压下居里点的测定原理示意图[87]；（b）高压下居里点的测定样品组装
示意图[87]；（c）高压下 Gd 的居里点测定结果，其纵轴单位相当于约 8μV[87]

（a）中 1：声频信号发生器，2：样品，3：电位差计，4：热电偶，5：放大器，6：Si 整流器，7：记录仪；

（b）中 1：绝缘管，2：不锈钢管，3：叶蜡石，4：样品，5：滑石，6：AgCl

2.4 高压下的光学测量

2.4.1 基本原理及窗口材料

光具有波粒二象性，按照电磁波谱的分类，通常光学测量所涉及的光处于红外线、可见光、紫外线、X射线的范围。光学测量分析方法的原理是建立在光与物质相互作用基础上的，包括：吸收、发射、散射、干涉、衍射、偏振等。无论是光源所发出的光经过与样品相互作用之后，或是样品本身所发出的光，都能带出物质内部微观结构和性质状态的信息。因此高压下的光学测量可以直接研究物质结构和性质状态在高压下的变化，如状态方程、压缩率的温度效应、热膨胀率的压力效应、相变中晶体结构的变化等。特别对于可逆的高压相变，高压相难以在常压下作为亚稳相回收，进行高压原位光学测量和分析更具有不可替代的意义。

要进行高压下的光学测量，前提是光源的光能够照射到高压腔内的样品上，而样品的光信息可以被采集到检测设备中。这就需要与所涉及的波长范围相适应的光学窗口，这方面金刚石具有优越的性能。金刚石不仅具有现存物质中最高的硬度，能承受很高压力，而且在很宽的波长范围内具有良好的透明性，便于对高压下的样品进行各种光谱分析，包括红外光谱、拉曼光谱、布里渊散射、荧光光谱、X射线衍射等。因此，DAC在高压下的光学测量中被广泛应用。此外，SiC、Al_2O_3、ZrO_2 等宝石也具有较高的硬度，透光性各有特点，用这些材料做成压砧或光学窗口，可用于不同范围的光学检测。比如，采用蓝宝石（Al_2O_3）作为压砧，可利用其吸收端波长比金刚石更短的特点，进行紫外线区域的观测分析[90]。关于DAC等透明压砧的内容详见第3章。

对于大腔体高压装置，其部件通常是以不透明的金属及硬质合金构成的，实验中则需要设计专门的光学窗口和通道，同时采用具有一定透明性的封垫和传压介质等。科学家们还采用金刚石烧结体作为大腔体装置的压砧，尽管传统金刚石烧结体含有少量过渡金属，但在同步辐射光源下仍可透过高能范围（20～100keV）的X射线[91,92]。2003年，Irifune等成功合成出纳米多晶金刚石聚结体，这种透明的多晶材料显示出比金刚石单晶更高的硬度以及更耐高温的特性[93]。实验表明：在同样外部条件下纳米多晶金刚石聚结体压砧所达到的压力比金刚石烧结体压砧高出约50%，对X射线的透明度是金刚石烧结体压砧的10～

100 倍，且能通过更宽范围（30~130keV）的 X 射线，这些特性有利于对高压下作为窗口材料的样品进行更高质量的光学测量分析[94]。

2.4.2　大压机上的光学测量

大压机上的光学测量主要包括吸收光谱、X 射线衍射和 X 射线照相术等。

活塞圆筒以及外部结构相似的 Drickamer 式装置，可通过在圆筒壁上开孔并嵌入透明的硬质材料（如上述各种宝石）作为光学窗口，进行红外吸收、可见光到紫外线的吸收光谱测量。这类方法需要解决窗口与圆筒间严密配合，防止高压下传压介质泄漏等技术问题，还应考虑扣除窗口和传压介质等材料的吸收背底[95]。

Drickamer 等在他们的装置上曾采用 NaCl 作为光学窗口，同时也作为封垫和传压介质，成功地开展了许多种物质高压下吸收光谱的研究，包括对绝缘体和半导体的导带和价电子带之间的能隙（吸收端）与压力的关系，以及杂质引起的色心与压力的关系等[96]。

图 2-15（a）和（b）分别为带 NaCl 窗口的加压装置和样品组装的示意图[97,98]，图 2-16 为用这种方法测量到的 AgCl 和 AgBr 的吸收端偏移量与压力的关系，其中在 8.5GPa 以上发生的突变分别显示了这两种物质的高压相变[99]。

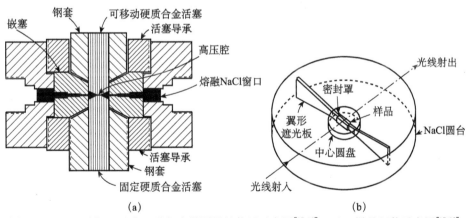

（a）　　　　　　　　　　　　（b）

图 2-15　（a）用 NaCl 窗口进行光学测量的装置示意图[97,98]；（b）样品组装示意图[97,98]

关于大压机上 X 射线衍射的实验，早期采用传统的 X 射线光源，建立了基本的方法。首先，窗口材料和传压介质必须对 X 射线的吸收尽可能少，科学家们采用原子序数较小的 Be [100-102]、金刚石[103]、单质 B 以及 LiH 等作为窗口、封套或传压介质[104]。例如，Drickamer 等采用 B 与 LiH 作为传压介质，结合叶

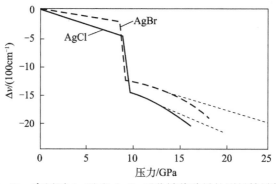

图 2-16　高压下 AgCl 和 AgBr 吸收端偏移量的测量结果例[99]

蜡石封垫及 NaCl 压标，在高压下进行了多种单质和化合物的 X 射线衍射分析，给出这些物质体积与压力的关系[105]。Hall 等在正四面体高压装置上，使 X 射线从压砧间的狭缝中引入和射出，采用 LiH 粉末、B 与 LiH 混合等压制成封套，进行了高压下的 X 射线衍射实验；还采用同时测量电阻来对比 Cs 的压致相变点，认为 X 射线衍射的结果更加准确[106]。另外，还采用 B-BN 混合的传压介质进行了高温高压下 X 射线衍射的实验[107]。X 射线衍射也被用在正六面体装置上进行高温高压下多种矿物 P-T 相图的调查，同样利用压砧间的缝隙作为 X 射线通道，采用 B 与环氧树脂（epoxy）的混合物以及叶蜡石等作为传压介质，对比了能散与角散两种方式的效率和结果[108]。

　　近三十年来，同步辐射光源与正六面体或 6-8 多压砧装置相结合，使高温高压下 X 射线衍射技术有非常显著的进展。虽然其主要方法原理与过去基本相同，但实验效率和检测质量都有极大的提升，且能实现一些过去难以开展的工作。包括能在短时间内获得高分辨的衍射谱，确定多晶样品的相结构、晶粒大小取向及微应力，获得晶体结构的动力学参数；还可以通过同时进行超声检测获得准确的压力值，通过分析多压砧偏应力场引起的衍射峰弛豫和展宽来研究材料的强度和流变特性，以及与中子衍射等技术相结合，对非晶材料的结构进行更详细更可靠的研究等[109-111]。

　　利用同步辐射 X 射线光源，科学家们在多压砧装置上还开发了高温高压下同时进行声速测量、X 射线衍射和 X 射线成像的实验技术，这些方法的配合有利于研究可逆相变的相平衡线、液相、多相聚集体的性质，包括单晶或多晶体的结构、弹性、应力状态和流变特性等[40]。图 2-17 是高温高压下同时进行超声波检测、X 射线衍射和 X 射线成像的装置示意图。在高温高压实验中，为兼顾传压介质的隔热性和对 X 射线的透过率，可在样品组装的隔热套上采用氧化镁和氧化铝等作为窗口材料来局部地取代氧化锆[112]。

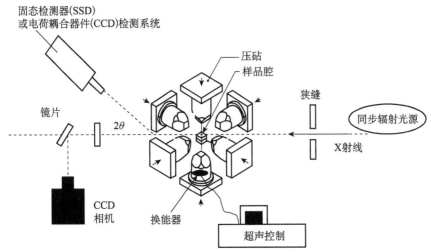

图 2 - 17   利用同步辐射 X 射线光源在大压机上同时进行声速测量、
X 射线衍射和 X 射线成像的实验装置示意图[40]

在 X 射线照相技术方面，由于同步辐射 X 射线光源在辐射强度、平行度、空间分辨率和时间分辨率上都具有传统光源无法比拟的优势，所以同步辐射光源与高压装置结合使高压下的原位照相技术也得以明显进步。例如：利用其精确的空间分辨率和三维成像技术，可以测量样品在不同高压下体积的微小变化，从而能对非晶态物质进行状态方程研究[113]。另外，利用其快速显像和时间分辨率高等特点，可以观察和记录不同小球在高压流体样品中的行为和降落速率，从而得出高压下流体的密度和黏度等（参看 2.1.5 节）[54]。图 2 - 18 是铂金小球在高温高压玄武岩熔体中下落的不同时间的影像记录，其时间分辨率在毫秒量级，空间分辨率在微米量级[55]。

另外，值得提及的是：肉眼观察也可以作为高压下光学表征的方法，甚至可以给出重要的实验证据。例如：日本科学家 Mishima 曾在研究水的高压相变时，发现冰具有两种非晶相，且存在从低密度非晶相（IDA）到高密度非晶相（HDA）的一级相变[114]。这一发现涉及无序体系的结构和转变，在凝聚态物理学中具有重要的科学意义，引起很大关注，但当时尚存在争议。1991 年，他进一步在 DAC 上对预先按同心圆状沉积在压砧面上的两种非晶态冰加压后再逐渐升温，同时在普通光学显微镜下用肉眼对它们之间的分界线进行观察，发现两种非晶态冰的边界随着温度上升而越来越清晰，而不是越来越模糊，从而为这两种非晶相的区别以及它们之间的相变提供了新的有力证据。这个结果被刊登在 Science 上，题目就是《对高压下水的非晶到非晶转变的肉眼观察》[115]。尽管这并不属于大压机上的实验，但这个故事说明：科学研究依靠的不仅是先进的工具，更重要的是深刻的思想。尽管这个实验是在 DAC 上完成的，但实验方法所给出的启示是普适的。

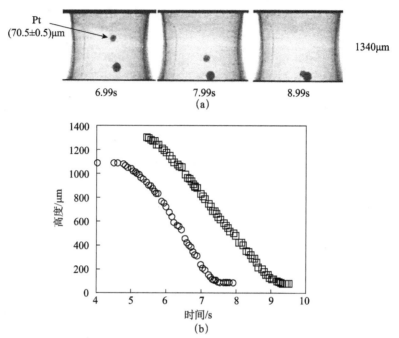

图 2-18 （a）铂金小球在高温高压玄武岩熔体中下落的不同时间的影像记录；
（b）两种小球下落距离与时间的关系[55]

参 考 文 献

[1] Bridgman P W. The Physics of High Pressure. London：G. Bell & Sons，1949：30-59.

[2] Swenson C A. Compression of the alkali metals to 10000 atmospheres at low temperature. Phys. Rev.，1955，99：423.

[3] Stewart J W. Compressibilities of some solidified gases at low temperature. Phys. Rev.，1955，97：578.

[4] Drickamer H D，Lynch R W，Clendenen R L，et al. Solid State Physics. New York：Academic Press，1967，19：135-228.

[5] Decker D J. Equation of state of NaCl and its use as a pressure gauge in high-pressure research. J. Appl. Phys.，1965，36：157.

[6] Jeffery R N，BarnettJ D，Vanfleet H B，et al. Pressure calibration to 100 kbar based on the

compression of NaCl. J. Appl. Phys. , 1966, 37: 3172.

[7] Lloya E C. Accurate Characterization of the High-Pressure Environment. Washington D C: NBS Spec. Publ. , 1971.

[8] Xu J, Mao H K, Bell P M. Position-sensitive X-ray diffraction: hydrostatic compressibility of argon, tantalum, and copper to 769kbar. High Temperature - High Pressure, 1984, 16 (5): 495 - 499.

[9] Akahama Y, Kawamura H, Singh A K. Equation of state of bismuth to 222GPa and comparison of gold and platinum pressure scales to 145GPa. J. Appl. Phys. , 2002, 92: 5892.

[10] Dewaele A, Loubeyre P, Mezouar M. Equations of state of six metals above 94GPa. Phys. Rev. B, 2004, 70: 094112.

[11] Chen H, Peng F, Mao H K, et al. Strength and elastic moduli of TiN from radial X-ray diffraction under nonhydrostatic compression up to 45GPa. J. Appl. Phys. , 2010, 107: 113503.

[12] Liu C, Peng F, Tan N, et al. Low-compressibility of tungsten tetraboride: a high pressure X-ray diffraction study. High Pressure Res. , 2011, 31 (2): 275 - 282.

[13] Fan C, Liu C, Peng F, et al. Phase stability and incompressibility of tungsten boride (WB) researched by *in-situ* high pressure X-ray diffraction. Physica B, 2017, 521: 6 - 12.

[14] 大杉治郎, 小野寺昭史, 原公彦他. 高圧実験技術とその応用. 東京: 丸善出版株式会社, 1969: 443 - 457.

[15] Giardini A A, Poindexter E H, Samara G A. High pressure polymorphic transitions studied by audio- and radio-frequency techniques. Rev. Sci. Instr. , 1964, 35: 713.

[16] Szigeti B. Compressibility and absorption frequency of ionic crystals. Proc. Roy. Soc. A, 1950, 204: 51 - 62.

[17] Anderson O L, Glynn P. Measurement of compressibility in polycrystalline MgO using the reflectivity method. Phys. Chem. Solids, 1965, 26 (12): 1961 - 1967.

[18] Smith B L, Pings L J. Optical determination of the compressibility of solid argon. J. Chem. Phys. , 1963, 38: 825.

[19] Bridgman P W. The Physics of High Pressure. London: G. Bell & Sons, 1949: 149 - 188.

[20] Vereshchagin L F, Likhter A I. Dependence of compressibility of elements on atomic number. Dok. Akad. Nauk SSSR, 1952, 86 (4): 745 - 747.

[21] 谢鸿森. 地球深部物质科学导论. 北京: 科学出版社, 1997.

[22] Birch F. The velocity of compressional waves in rocks to 10 kilobars: part 1. J. Geophys. Rev. , 1960, 65 (4): 1083 - 1102.

[23] Birch F. The velocity of compressional waves in rocks to 10 kilobars. J. Geophys. Rev. , 1961, 66 (7): 2199 - 2224.

[24] Davis L A, Gordon R B. Compression of mercury at high pressure. J. Chem. Phys. , 1967, 46 (7): 2650 - 2660.

[25] Ito H, Mizutani H. High Pressure Research: Applications in Geophysics. New York, San

Francisco, London: Harcourt Brace Jovanovich Publishers, 1977: 603 – 622.

[26] Kern H. High-Pressure Research in Geoscience. Stuttgart: E. Schweizerbart, 1982: 15 – 45.

[27] Xie H S, Zhang Y M, Xu H G, et al. A new method of measuring the elastic wave velocity of rocks and minerals at high pressures and high temperatures and its significance. Sci. Chin. B, 1993, 36 (10): 1276 – 1280.

[28] Xu J, Zhang Y M, Hou W, et al. Measurements of ultrasonic wave velocities at high temperature and high pressure for window glass, pyrophyllite and kimberlite up to 1400℃ and 5. 5GPa. High Temp. High Pressure, 1994, 26: 375 – 384.

[29] Li B, Jackson I, Gasparik T, et al. Elastic wave velocity measurement in multi-anvil apparatus to 10GPa using ultrasonic interferometry. Phys. Earth Planet Inter. , 1996, 98: 79 – 91.

[30] Chen G, Liebermann R C, Weidner D J. Elasticity of single-crystal MgO to 8 gigapascals and 1600 Kelvin. Science, 1998, 280: 1913 – 1916.

[31] Li B, Liebermann R C, Weidner D J. Elastic moduli of wadsleyite (β-Mg$_2$SiO$_4$) to 7 gigapascals and 873 Kelvin. Science, 1998, 281: 675 – 677.

[32] Li B, Chen G, Gwanmesia G D, et al. Sound Velocity Measurements at Mantle Transition Zone Conditions of Pressure and Temperature Using Ultrasonic Interferometry in a Multianvil Apparatus//Manghnani M H, Yagi T. Properties of Earth and Planetary Materials at High Pressure and Temperature. Geophys. Monogr. Ser. , Washington D C: AGU. , 1998, 101: 41 – 61.

[33] Liu Y G, Xie H S, Guo J, et al. A new method for experimental determination of compressional velocities in rocks andminerals at high-pressure. Chin. Phys. Lett. , 2000, 17 (12): 924 – 926.

[34] Song W, Liu Y, Wang Z, et al. Measurement method for sound velocity of melts in large volume press and its application to liquid sodium up to 2. 0GPa. Rev. Sci. Instr. , 2011, 82 (8): 086108.

[35] Wang Z G, Liu Y G, Zhou W G, et al. Sound velocity in water and ice up to 4. 2GPa and 500K on multi-anvil apparatus. Chin. Phys. Lett. , 2013, 30 (5): 054302.

[36] Xu L, Bi Y, Li X H, et al. Phase diagram of tin determined by sound velocity measurements on multi-anvil apparatus up to 5GPa and 800K. J. Appl. Phys. , 2014, 115 (16): 164903.

[37] He Z, Wang Z G, Zhu H Y, et al. High-pressure behavior of amorphous selenium from ultrasonic measurements and Raman spectroscopy. Appl. Phys. Lett. , 2014, 105 (1): 011901.

[38] Kung J, Li B, Weidner D J, et al. Elasticity of (Mg$_{0.83}$,Fe$_{0.17}$)O ferropericlase at high pressure: ultrasonic measurements in conjunction with X-radiation techniques. Earth and Planetary Sci. Lett. , 2002, 203 (1): 557 – 566.

[39] Kung J, Li B, Uchida T, et al. In situ measurements of sound velocities and densities across the orthopyroxene → high-pressure clinopyroxene transition in MgSiO$_3$ at high

pressure. Phys. Earth and Planetary Interiors，2004，147（1）：27 - 44.

[40] Li B，Kung J，Liebermann R C. Modern techniques in measuring elasticity of earth materials at high pressure and high temperature using ultrasonic interferometry in conjunction with synchrotron X-radiation in multi-anvil apparatus. Phys. Earth and Planetary Interiors，2004，143 - 144：559 - 574.

[41] Irifune T，Higo Y，Inoue T，et al. Sound velocities of majorite garnet and the composition of the mantle transition region. Nature，2008，451：814 - 817.

[42] Li B，Liebermann R C. Study of the Earth's interior using measurements of sound velocities in minerals by ultrasonic interferometry. Physics of the Earth and Planetary Interiors，2014，233：135 - 153.

[43] 郑海飞. 金刚石压砧高温高压实验技术及其应用. 北京：科学出版社，2014：228 - 234.

[44] Bridgman P W. Studies in Large Plastic Flow and Fracture. London，New York：McGraw-Hill，1952.

[45] Brandes M. Mechanical behavior of materials under pressure. London，New York，Amsterdam：Elsevier Publishing Company Limited，1970：236 - 298.

[46] Bridgman P W. Effects of high shearing stress combined with high hydrostatic pressure. Phys. Rev. ，1935，48（15）：825 - 847.

[47] Wakatsuki M. A simple method of selecting the materials for compressible gasket. Japan J. Appl. Phys. ，1965，4：540.

[48] Wakatsuki M，Ichinose K，Aoki T. Notes on compressible gasket and Bridgman-anvil type high pressure apparatus. Japan J. Appl. Phys. ，1972，11：578.

[49] Sung C M，Goetze C，Mao H K. Pressure distribution in the diamond anvil press and the shear strenght of fayalite. Rev. Sci. Instr. ，1977，48（11）：1386 - 1391.

[50] Jing Q，Bi Y，Wu Q，et al. Yield strength of molybdenum at high pressures. Rev. Sci. Instr. ，2007，78：073906.

[51] Mao H K，Shu J，Shen G，et al. Elasticity and rheology of iron above 220GPa and the nature of the earth inner-core. Nature，1998，396：741 - 743.

[52] Zhang J，Wang L，Weidner D J，et al. The strength of moissanite. Am. Mineral. ，2002，87（7）：1005 - 1008.

[53] He D，Duffy T S. X-ray diffraction study of the static strength of tungsten to 69GPa. Phys. Rev. B，2006，73：134106.

[54] Secco R A，Tucker R F，Balog S P，et al. Tailoring sphere density for high pressure physical property measurements on liquids. Rev. Sci. Instr. ，2001，72（4）：2114 - 2116.

[55] Ohtani E，Suzuki A，Ando R，et al. Advances in High-Pressure Technology for Geophysical Applications. Washington D C：Elsevier Sci. ，2005：195 - 209.

[56] 洪时明，罗湘捷，王永国，等. 600～760℃范围内超高压力的测定——铅熔点法. 高压物理学报，1989，3（2）：159-164.

[57] Su L, Li L B, Hu Y, et al. Phase transition of [Cₙ-mim] [PF₆] under high pressure up to 1.0GPa. J. Chem. Phys., 2009, 130 (18): 184503.

[58] He Z, Liu X R, Zhang D D, et al. Pressure effect on thermal-induced crystallization of selenium up to 5.5GPa. Solid State Com., 2014, 197: 30-33.

[59] Zhang D D, Liu X R, He Z, et al. Pressure and time dependences of the supercooled liquid-to-liquid transition in Sulfur. Chin. Phys. Lett., 2016, 33 (2): 026301.

[60] Liu X R, Hong S M. Evidence for a pressure-induced phase transition of amorphous to amorphous in two Lanthanide-based bulk metallic glasses. Appl. Phys. Lett., 2007, 90: 251903.

[61] Cohen L H, Klement W, Jr, Kennedy G C. Investigation of phase transformations at elevated temperatures and pressures by differential thermal analysis in piston-cylinder apparatus. J. Phys. Chem. Solids, 1966, 27: 179-186.

[62] Kennedy G C, Newton R C. Solid under Pressure. New York: McGraw-Hill, 1963: 163.

[63] Claussen W F. High Pressure Measurement. London: Butterworths, 1963: 125.

[64] Bundy F P. Pressure-temperature phase diagram of iron to 200kbar, 900℃. J. Appl. Phys., 1965, 36: 616.

[65] 秋本俊一. 極端条件技術. 東京：朝倉書店，1967：180.

[66] Bridgman P W. The resistance of 72 elements, alloys and compounds to 100000kg/cm². Proc. Am. Acad. Arts Sci., 1952, 81 (4): 165, 167-251.

[67] Miromura S, Drickamer H G. Pressure induced phase transitions in silicon, germanium and some Ⅲ-Ⅴ compounds. J. Phys. Chem. Solids, 1962, 23 (5): 451-456.

[68] Drickamer H D. Solid State Physics. New York: Academic Press, 1965, 17: 35.

[69] Drickamer H D. Solid State Physics. New York: Academic Press, 1966, 19: 135.

[70] Chu C W, Gao L, Chen F, et al. Superconductivity above 150K in HgBa₂Ca₂Cu₃O₈₊δ at high pressures. Nature, 1993, 365: 323-325.

[71] Erements M I, Struzhkin V V, Mao H K, et al. Superconductivity in Boron. Science, 2001, 293: 272-274.

[72] Drozdov A P, Eremets M I, TroyanI A, et al. Conventional superconductivity at 203 Kelvin at high pressures in the sulfur hydride system. Nature, 2015, 525: 73-76.

[73] Somayazulu M, Ahart M, Mishra A K, et al. Evidence for superconductivity above 260K in lanthanum superhydride at megabar pressures. Phys. Rev. Lett., 2019, 122: 027001.

[74] Snider E, Dasenbrock-Gammon N, McBride R, et al. Room-temperature superconductivity in a carbonaceous sulfur hydride. Nature, 2020, 586 (7829): 373-377.

[75] Gao C X, Han Y H, Ma Y Z, et al. Accurate measurements of high pressure resistivity in a diamond anvil cell. Rev. Sci. Instr., 2005, 76: 083912.

[76] He C Y, Gao C X, Ma Y Z, et al. *In situ* electrical impedance spectroscopy under high pressure on diamond anvil cell. Appl. Phys. Lett. , 2007, 91: 092124.

[77] Wang Y, Han Y H, Gao C X, et al. *In situ* impedance measurements in diamond anvil cell under high pressure. Rev. Sci. Instr. , 2010, 81: 013904.

[78] Wang Q L, Liu C L, Gao Y, et al. Mixed conduction and grain boundary effect in lithium niobate under high pressure. Appl. Phys. Lett. , 2015, 106: 132902.

[79] Li M, Gao C X, Ma Y Z, et al. New diamond anvil cell system for *in situ* resistance measurement under extreme conditions. Rev. Sci. Instr. , 2006, 77: 123902.

[80] Li M, Gao C X, Ma Y Z, et al. *In situ* electrical conductivity measurement of high-pressure molten ($Mg_{0.875}$, $Fe_{0.125}$)$_2$$SiO_4$. Appl. Phys. Lett. , 2007, 90: 113507.

[81] Yang J, Li M, Zhang H L, et al. Preparation of W-Ta thin-film thermocouple on diamond anvil cell for *in-situ* temperature measurement under high pressure. Rev. Sci. Instr. , 2011, 82: 045108.

[82] Vaišnys J R, Kirk R S. Magnetogalvanic measurements to 60,000 bar. Rev. Sci. Instr. , 1965, 36: 1799.

[83] Patel D, Crumbaker T E, Sites J R, et al. Hall effect measurement in the diamond anvil high-pressure cell. Rev. Sci. Instr. , 1986, 57: 2795.

[84] Yamauchi T, Shimizu K, Takeshita N, et al. Hall effect of iodine in high pressure. J. Phys. Soc. Jpn. 1994, 63: 3207.

[85] Hu T J, CuiX Y, Gao Y, et al. *In situ* Hall effect measurement on diamond anvil cell under high pressure. Rev. Sci. Instr. , 2010, 81: 115101.

[86] Samara G A, Giardini A A. Pressure dependence of the dielectric constant of strontium titanate. Phys. Rev. , 1965, 140: A954.

[87] Robinson L B, Milstein F, Jayaraman A. Effect of pressure on the Curie temperature of rare-earth metals. I. Gadolinium. Phys. Rev. , 1964, 134: A187.

[88] McWhan D B, Srevens A L. Effect of pressure on the magnetic properties and crystal structure of Gd, Tb, Dy and Ho. Phys. Rev. , 1965, 139: A682.

[89] Pasnak M, Ernst D W, Tydings J E. A technique for high- field magnetization measurement under very high pressure. ASME 64-WA/ PT-3, 1964: 1 - 6.

[90] Takano K J, Wakatsuki M. An optical high pressure cell with spherical sapphire anvils. Rev. Sci. Instr. , 1991, 62 (6): 1576.

[91] Irifune T, Utsumi W, Yagi T. Use of a new diamond composite for multianvil high-pressure apparatus. Proc. Japan Acad. , 1992, 68B: 161 - 166.

[92] Morard G, Mezouar M, Rey N, et al. Optimization of Paris-Edinburgh press cell assemblies for *in situ* monochromatic X-ray diffraction and X-ray absorption. High Pressure Res. , 2007, 27 (2): 223 - 233.

[93] Irifune T, Kurio A, Sakamoto S, et al. Ultrahard polycrystalline diamond from graphite.

Nature，2003，421：599，600.

[94] Irifune T，Kunimoto T，Shinmei T，et al. High pressure generation in Kawai-type multianvil apparatus using nano-polycrystalline diamond anvils. C. R. Geoscience，2019，351（2-3）：260-268.

[95] 大杉治郎. 高圧実験技術とその応用. 東京：丸善株式会社，1969：281-282.

[96] Drickamer H G，Balchan A S. Modern Very High Pressure Techniques. London：Butterworths，1962：25-50.

[97] Fitch R A，Slykhouse T E，Drickamer H G. Apparatus for optical studies to very high pressures. J. Opt. Soc. Am. ，1957，47（11）：1015-1017.

[98] Balchan A S，Drickamer H G. High pressure high temperature optical device. Rev. Sci. Instr. ，1960，31：511.

[99] Drickamer H G. Revised Calibration for high pressure optical bomb. Rev. Sci. Instr. ，1961，32（2）：212.

[100] Jacobs R W. X-ray diffraction of substances under high pressures. Phys. Rev. ，1938，54：325.

[101] Vereshchagin L F，Brandt I V. X-ray studies of matter at pressure to 30000 atmospheres. Soviet Phys. Doklady，1956，1：312-313.

[102] Kabalkina S A，Vereshchagin L F. An X-ray study of the effect of hydrostatic pressure on the structure of lead titanate. Soviet Phys. Doklady，1962，7（4）：310-312 .

[103] Goliber E W，McKee K H，Kasper J S，et al. Research and Development on the Effects of High Pressure and Temperature on Various Elements and Binary Alloys. WADC Tech. Rept. 59-747. Schenectady，N. Y. ：General Electric Co. ，1960：1-61.

[104] 箕村茂. 超高圧におけるX線回折法. 日本結晶学会誌，1964，6（3）：128-141.

[105] Perez-Albuerne E A，Forsgren K F，Drickamer H D. Apparatus for X-ray measurements at very high pressure. Rev. Sci. Instr. ，1964，35：29.

[106] Hall H T，Merrill L，Barnett J D. High pressure polymorphism in Cesium. Science，1964，146：1297-1299.

[107] Barnett J D，Hall H T. High pressure-high temperature，X-ray diffraction apparatus. Rev. Sci. Instr. ，1964，35：175.

[108] 秋本俊一，水谷仁. 地球の物質科学Ⅰ. 東京：岩波書店，1978：182-185.

[109] Parise J B，Weidner D J，Chen J. In situ studies of the properties of materials under hing pressure and temperature conditions using multi-anvil apparatus and synchrotron X-rays. Annu. Rev. Mater. Sci. ，1998，28：349-374.

[110] Okada T，Utsumi W，Kaneko H，et al. Kinetics of the graphite-diamond transformation in aqueous fluid determined by in-situ X-ray diffractions at high pressures and temperatures. Phys. Chem. of Minerals，2004，31：261-268.

[111] Ohno H，Kohara S，Umesaki N，et al. High-energy X-ray diffraction studies of non-crystalline materials. J. Non-Crystalline Solids，2001，293-295：125-135.

[112] Leinenweber K，Mosenfelder J，Diedrich T，et al. High-pressure cells for *in situ* multi-anvil experiments. High Pressure Res. ，2006，26 (3)：283 – 292.

[113] Liu H Z，Wang L H，Xiao X H，et al. Anomalous high-pressure behavior of amorphous selenium from synchrotron X-ray diffraction and microtomography. Proc. Natl. Acad. Sci. U. S. A. ，2008，105 (36)：13229 – 13234.

[114] Mishima O，Calvert L D，Whalley E. "Melting ice" I at 77K and 10kbar：a new method of making amorphous solids. Nature，1984，310：393 – 395.

[115] Mishima O，Takemura K，Aoki K. Visual observations of the amorphous-amorphous transition in H_2O under pressure. Science，1991，254：406 – 408.

第 3 章
金刚石压腔实验技术

3.1　金刚石压腔的构成

采用自然界中最硬的材料金刚石作为 Bridgman 压砧（即平面对顶压砧），就是所说的金刚石压砧，相应的高压装置称为金刚石压腔（diamond anvil cell，DAC），它是平面对顶压砧高压装置的一种延伸。1950 年，Lawson 和 Tang 最早使用金刚石压缩样品[1]。1958 年，Valkenburg 发现金刚石可以作为窗口在显微镜下观察高压下的样品，Wire 设计了一套金刚石压腔[2]。经过几十年的发展，金刚石压腔实验技术日趋成熟，目前它已经成为超高压下前沿科学研究最重要的实验技术，是高压下物质相变、新材料合成及地球科学研究方面不可或缺的手段。

3.1.1　金刚石压砧

金刚石压砧一般采用 0.2～0.4 克拉（carat，1 克拉＝0.2 克）没有缺陷的无色透明金刚石单晶。金刚石单晶有两种晶体结构，一种为立方结构（又称闪锌矿型），另一种为六方结构（又称纤锌矿型）。绝大多数天然金刚石和静高压法制得的人造金刚石具有立方结构，立方金刚石一般简称金刚石。六方金刚石最早在陨石中发现，后来在冲击波作用下或很高的静高压和温度下也能获得。金刚石压砧通常使用的是立方金刚石单晶（空间群为 $Fd3m$）。金刚石单晶按其物理性质可分为 Ⅰa 型、Ⅰb 型、Ⅱa 型、Ⅱb 型，金刚石压砧常用的类型是 Ⅰa 型

和Ⅱa 型。Ⅰa 型金刚石含氮量在 $0.1\%\sim0.2\%$，机械强度高，但导热性能低于
Ⅱa 型金刚石[3]。Ⅱa 型金刚石含小于 0.001% 的氮或不含氮，其他杂质也很少，
导热性极好[3]。此外，Ⅰa 和Ⅱa 型金刚石的光学性能有一定差别，例如：Ⅰa 型
金刚石对 $1000\sim1400\mathrm{cm}^{-1}$ 波段的光吸收较强[3]。

　　图 3-1（a）是典型的金刚石压砧（anvil）的形状示意图。砧面（culet）直
径一般为 $0.1\sim0.5\mathrm{mm}$，有等边长的十六边形和八边形两种。图 3-1（b）是一
个十六边形砧面的光学显微镜照片。压砧面积的大小取决于要达到的目标压强。
在同样大小的外力作用下（这个外力大小受 DAC 机械装置部分的限制），砧面
积越小，产生的压强越大，但样品腔尺寸减小，样品组装、样品原位检测难度
增加。通常砧面直径为 $1\mathrm{mm}$ 的压砧产生的最大压强约为 $30\mathrm{GPa}$，$0.5\sim$
$0.7\mathrm{mm}$ 压砧产生的最大压强约为 $50\mathrm{GPa}$，$20\mu\mathrm{m}$ 的压砧可以产生的最大压强为
$300\sim400\mathrm{GPa}$[4,5]。

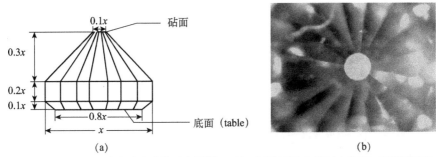

图 3-1　（a）金刚石压砧形状示意图[6]；（b）金刚石压砧砧面实物图（后附彩图）

　　如第 1 章所述，Bridgman 压砧在水平方向上的压强分布是中心压强高，从
中心到边缘有很大的压力梯度。因此，高压下金刚石压砧会发生如图 3-2（a）
虚线所示的微小变形，变形后两个砧面边缘相互挤压。正是由于这个原因，早
期金刚石压砧在较高压力实验后都是从边缘破裂。为了克服这个问题，实现更
高的压力，Mao 等设计将金刚石砧面的边缘切一个 $7°\sim10°$ 倒角（beveled），
如图 3-2（b）所示，中心砧面与外圆砧面的直径比一般为 $1:3\sim1:10$[7-10]。
通常根据实验压力决定是否使用切有倒角的压砧，不切倒角的平面压砧最高压
力可达 $100\mathrm{GPa}$[10]。为了避免金刚石破裂，超高压力实验均使用切有倒角的压
砧，而且实验压力越大，中心砧面的直径越小。图 3-2（c）是一个切有 $8.5°$ 倒
角、中心砧面直径为 $20\mu\mathrm{m}$ 的压砧示意图，使用该压砧实验压力达到了
$400\mathrm{GPa}$[5]。同样，最初两个压砧之间使用封垫也是为了克服上述困难，这将在
3.1.3 节介绍。

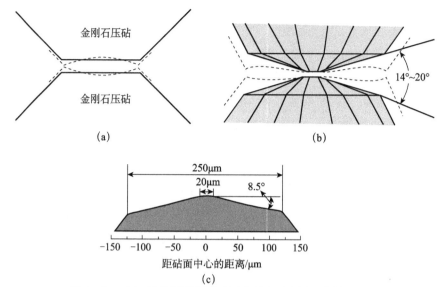

图 3-2　(a) 超高压下金刚石压砧形变示意图（虚线所示）；
（b) 有倒角的金刚石砧面及其在超高压下的形变示意图（虚线所示）；
(c) 一种有倒角的金刚石砧面尺寸示意图[5]

金刚石的硬度是各向异性的。从晶面来看，（111）＞（110）＞（100）晶面的硬度。金刚石硬度的各向异性对加工金刚石单晶压砧很有价值。（111）晶面的解离能最小，因此最容易解离，（100）晶面的解离能最大，最难解离，金刚石压砧的砧面一般选择（100）晶面。

两个金刚石压砧的砧面要大小相等、上下对齐并且相互平行，这是产生很高压强的前提，否则在小的接触面积上将会产生很大的压强，造成金刚石压砧的损坏。实际操作中，首先检查两个压砧是否对齐，之后采用不同的方法将两个压砧调平行。

（1）利用可见光在两金刚石压砧之间的缝隙产生的干涉条纹，粗略判断两个压砧是否平行。如图 3-3（a) 所示，为了说明干涉条纹的形成，设两个不平行的金刚石砧面相互靠近，形成一个楔形狭缝，两砧面的夹角 α 值很小。当一组单色平行光入射角为 i，入射到金刚石上砧面时，一部分光发生反射，另一部分光折射进入空气介质（折射角为 i'），再经下砧面反射、上砧面折射后，与上砧面的反射光发生干涉，形成明暗相间的干涉条纹。以 d 表示入射点处狭缝的厚度，两束相干光在相遇时的光程差为[11]

$$\delta = 2nd\cos i' + \frac{\lambda}{2}$$

后一项 $\frac{\lambda}{2}$ 来自光经下压砧反射时的半波损失，因为金刚石相对于空气为光密介质，$n \approx 1$ 为空气的折射率。

由于各处空气狭缝的厚度 d 不同，所以光程差也不同，因而会产生相长干涉或相消干涉，其中产生明纹的条件是

$$2d\cos i' + \frac{\lambda}{2} = k\lambda$$

相邻亮条纹在空气层上的厚度差近似为

$$d_{k+1} - d_k = \frac{\lambda}{2\cos i'}$$

角 α 近似为常数，相邻亮条纹的间隔 l_k 近似为

$$l_k = \frac{\lambda}{2\alpha\cos i'}$$

可见，角 α 越大干涉条纹越密。在显微镜下观察到的条纹越密，说明两个砧面平行性越差，这样的金刚石压砧承受不了很大的压力，实验过程中很容易破碎。当入射光为白光时，各种不同波长的光分别发生干涉，所以观察到的是彩色条纹，如图 3-3（b）所示[12]。需要说明的是，当空气膜不是完整的楔形时，具有相同厚度地方的轨迹不是一个平行的直线，相应地等厚干涉条纹也会不是直条纹。

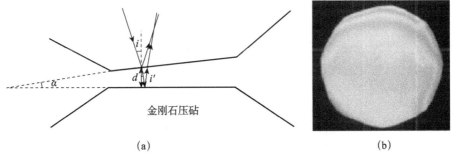

（a）　　　　　　　　　　　　　　　　（b）

图 3-3　（a）金刚石砧面间形成等厚干涉的光路示意图；

（b）金刚石砧面间的彩色干涉条纹图[12]（后附彩图）

（2）利用碘化银（AgI）在～0.3GPa 和～11.3GPa 发生相变来粗略判断两个金刚石砧面是否平行[13,14]。用两个金刚石压砧挤压碘化银粉末，由于在砧面半径方向上压强分布是由中心到边缘逐渐降低，所以在显微镜下可以观察到随着压力增加，碘化银低压相和高压相的两相边界，从压砧中心逐渐向外扩大。在 11.3GPa 以上，压砧中心的样品出现另一个高压相。当两个金刚石平行时，

两相边界围成的对称的多边形的中心与砧面中心是一致的。

（3）当要求两个压砧精确地平行时，可以将多颗红宝石小晶粒对称地放置在压砧上，在高压下测量砧面半径方向上压强的分布（关于红宝石测量压强的原理参考 3.2.2 节）[15]。若得到的是同心圆的压强分布，则说明两个压砧是平行的。

3.1.2 支撑加压装置

根据质量支撑原理，要达到超高压，只有超硬的金刚石是不够的，支撑金刚石的部分也十分重要。为此人们设计了不同类型的压腔，如图 3-4 所示[16-30]，用于满足不同的高压原位分析、变温实验或压力加载方式的需求。不同类型的压腔基本结构相似，包含金刚石压砧、底座（seat 或 rocker）、活塞（piston）和圆筒（cylinder）（注：有的对称型压腔这两部分具有相同的结构）、加压机械装置。两个金刚石压砧固定于两个底座上，通常用胶黏结。常用的黏合剂有黑胶（环氧树脂及催化剂）、灰胶（高温水泥）和白胶（二氧化铈及催化剂）。常温实验通常使用黑胶，灰胶耐温适中，高温实验使用白胶。压砧相对于底座的位置常见的方式如图 3-5（a）所示，底座锥形孔的开角（conical opening of the seat）约为 60°。为了增大光学测量的窗口，Boehler 等设计了压砧嵌入底座的安装方式，底座锥形孔的开角为 70°～75°，如图 3-5（b）所示[26]。底座的材料一般为碳化钨、碳化硼，这两种材料均属于超硬材料，且对 X 射线的吸收较弱。两个底座分别用螺丝固定于活塞和圆筒。为了达到超高压，对活塞、圆筒、底座材料的硬度及面的平行度（例如，金刚石砧面与底面的平行度、底座上下两个面的平行度）、装配精度等都有很高要求。加压机械方式有杠杆式、螺栓式、压电式等，目的是通过外力缩小活塞、圆筒的相对距离，力传递给金刚石压砧，两个压砧对压样品产生高压。下面简单介绍 Mao-Bell 型压腔及对称型压腔。

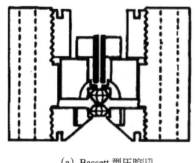

（a）Bassett 型压腔[17]

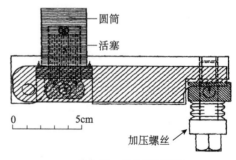

（b）Mao-Bell 型压腔[18]

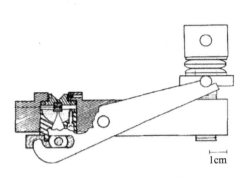

（c）Piermarini-Block 型压腔[19]

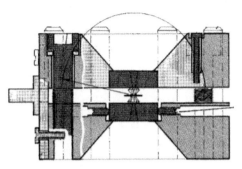

（d）Allan-Miletich-Angel 型压腔[20]

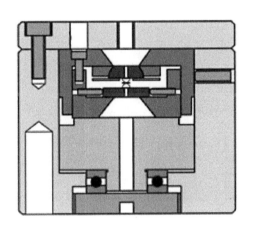

（e）气体驱动式压腔[21]

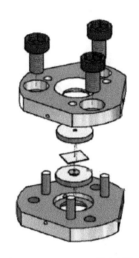

（f）Merrill-Bassett 型压腔[22]

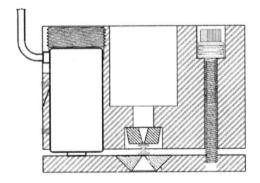

（g）动态加载式压腔[23]

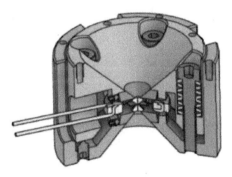

（h）BX90 型压腔[24]

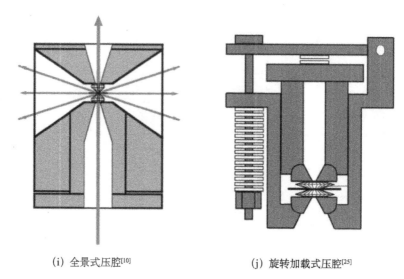

（i）全景式压腔[10]　　　　　　（j）旋转加载式压腔[25]

图 3-4　几种金刚石压腔结构示意图

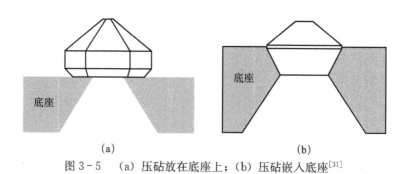

（a）　　　　　　　　　　（b）

图 3-5　（a）压砧放在底座上；（b）压砧嵌入底座[31]

1）Mao-Bell 型压腔

Mao-Bell 型压腔是 Mao 和 Bell 于 20 世纪 70 年代设计的一种单面激光加热的压腔[7,8,16]。如图 3-6 所示，金刚石粘在半圆柱形的摇杆（rocker）上，两个摇杆置于圆筒和活塞内的半圆柱形凹槽内。位于圆筒和活塞中的摇杆有所不同，如图 3-7（a）所示，前者有一个狭长的孔，用于入射激光或出射 X 射线，后者有一个圆形的孔，用于入射 X 射线。Mao-Bell 型压腔通过摇杆将两个砧面调节平行。放在活塞及圆筒半圆柱形凹槽内的摇杆比凹槽略高，并且长度比凹槽略短。如图 3-7（b）所示，摇杆上加上一个钢片，压砧从钢片中心孔露出，利用钢片上的螺钉对摇杆进行翘板式位置调节。利用活塞和圆筒凹槽内的螺钉调整摇杆的水平位置。因为上下两个摇杆相互垂直，所以在上、下、左、右、前、后六个方向上都可以调整两个压砧的相对位置，直到两个砧面完全对齐并且平行。加压方法为杠杆式，如图 3-4（b）所示，加压螺丝旋进，楔形杠杆使活塞和圆筒相对运动。

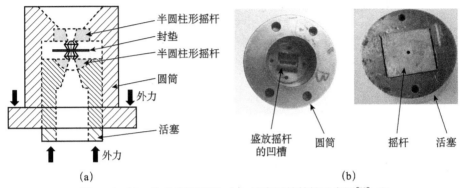

图 3-6　Mao-Bell 型压腔的（a）活塞圆筒结构示意图[32] 和
（b）实物图（拍摄于夏威夷大学地球与行星科学研究所）

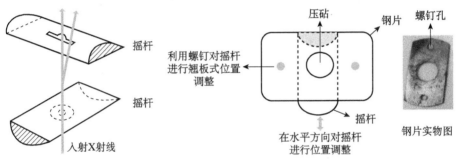

图 3-7　（a）两个摇杆结构示意图；（b）调平方法示意图及钢片实物图

2）对称型压腔

对称型压腔如图 3-8 所示，金刚石粘在两个大小、形状相同的圆柱形底座上。两个底座对称放置，可用于双面激光加热，如图 3-9 所示。关于压腔砧面调平，两个底座可以用调平螺丝在水平面内调整位置，但是不能在垂直方向上下调整，有时需要在水平方向上旋转底座，将两个砧面调到最好的位置。加压方法为四个加压螺丝沿圆筒和活塞的螺纹旋进，四个螺丝分为两组，一组为正旋螺丝，一组为反旋螺丝，加压时两手通过六角扳手同时扭动螺丝，均匀加压。为了防止两个金刚石压砧相碰，在活塞底部设计了限位螺丝。

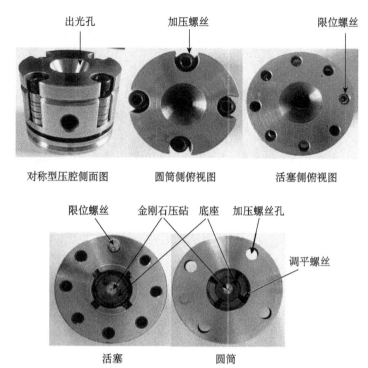

出光孔　　　　　加压螺丝　　　　　限位螺丝

对称型压腔侧面图　　　　圆筒侧俯视图　　　　活塞侧俯视图

限位螺丝　金刚石压砧　底座　加压螺丝孔

调平螺丝

活塞　　　　　　圆筒

图 3-8　对称型压腔实物图（拍摄于西南交通大学高温高压物理研究所）

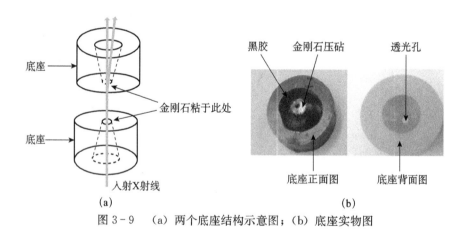

底座

金刚石粘于此处

底座

入射X射线

（a）

黑胶　金刚石压砧　　　透光孔

底座正面图　　　底座背面图

（b）

图 3-9　（a）两个底座结构示意图；（b）底座实物图

3.1.3　封垫

如第 1 章所述，Bridgman 压砧的压强分布是中心压强最高，从中心到边缘存在很大的压力梯度，通常要使用封垫（gasket）（如叶蜡石片）密封样品、承受压力梯度，样品放在传压介质中心的一个小的弹性范围内。同样，当两个金刚石压砧对压样品时，从砧面中心到边缘也存在很大的压力梯度[5,33]。两个压砧之间需要使用封垫承受压力梯度，将样品密封在压砧中心。金刚石压腔中使用的封垫材料有 T301 型高强度不锈钢片（T301 steel）、铍（Be）、铼（Re）、钨（W）等。实验室中广泛使用的是价格较低廉的 T301 型高强度不锈钢片。铍垫片对 X 射线的吸收少，但是有一定毒性，实验操作要求高，而且在 100℃以上铍会变软，一般仅用于需要测量径向 X 射线衍射的实验。超高压力实验一般采用钨、铼等弹性模量大的材料做封垫，其中铼适合于高温高压实验。

封垫通常先用金刚石压砧预压（identation），如图 3-10（a）所示。封垫的预压厚度是根据实验所要达到的压强而定的，实验要达到的压强越高，封垫预压得越薄。例如，当实验所需压强为 30~50GPa 时，T301 不锈钢封垫（初始厚度为 0.256mm）一般预压到 0.040mm 左右。在预压后的垫片中心打一个直径为 0.01~0.30mm 的孔，作为样品腔。打孔方式有传统的机械钻头打孔、放电打孔、激光打孔，图 3-11 是一种单轴放电打孔装置（注：设备英文名称为 micro single-axis electric discharge machining）。预压后的封垫在高压下的形变量小，同时又能承受很大的压力梯度，封住样品，如图 3-10（b）所示。

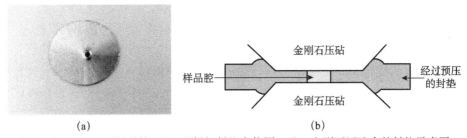

(a)　　　　　　　　　　　　　　　　(b)

图 3-10　（a）预压后的 T301 不锈钢封垫实物图；（b）金刚石压腔中的封垫示意图

图 3-11　单轴放电打孔装置实物图（拍摄于夏威夷大学地球与行星科学研究所）

3.2 样品腔内的传压介质与压强测量

3.2.1 样品腔内的传压介质

金刚石压腔中位于砧面中心的样品腔虽然很小，但对于固体样品仍然存在压力梯度。为了减少非静水压环境对实验的影响，提高实验的精确度，在压力不是很高的情况下，样品腔中一般使用液体传压介质使样品处于静水压（hydrostatic）环境中。在高温实验中，传压介质还可以降低样品腔中由金刚石良好导热性引起的温度梯度。下面列举几种金刚石压腔中使用的液体传压介质：体积比为 1∶1 的戊烷（pentane）与异戊烷（isopentane）的混合物，体积比为 4∶1 的甲醇（methanol）与乙醇（ethanol）的混合物，体积比为 16∶4∶1 的甲醇（methanol）、乙醇（ethanol）与水的混合物，这些传压介质适合于较低压力的实验[32-36]。液化后的惰性气体氦、氖、氩是很好的传压介质[37-39]。例如，液氦在～11.5GPa 固化后直到～50GPa 都是软的固体，为样品提供了一个准静水压（quasi-hydrostatic）的环境；更高压力下直到～150GPa 都是较软的固体，虽然为非静水压（nonhydrostatic）环境，但应力也较小[38]。另外，硅油也常作为传压介质使用[40,41]。

常温下～11GPa 以内的液体传压介质会固化[42]，传压介质固化后样品将处于准静水压或非静水压环境中。样品腔内传压介质的选择依样品性质及实验条件而定。有些情况下，为了避免传压介质对样品的化学影响，特别是在高温条件下，也可以不添加任何传压介质。

3.2.2 压强的测量

常温下，金刚石压腔常用的原位测压方法包括状态方程法和红宝石荧光光谱法。金刚石压腔中用于测量压强的物质称为压标物质（pressure calibrant 或 pressure gauge）。

1）状态方程法

状态方程法是利用 X 射线衍射数据得到某些具有立方结构的物质的晶格常数，计算出体积，再代入 P-V（pressure-volume）状态方程，推算出压强。

Decker 计算了 0～50GPa、0～1773K 范围内 NaCl 晶格常数与温度、压强的关系式，即 Decker Equation of State[43]。常温下，根据该状态方程计算的压强值在 10GPa 范围内与物理学家 Bridgman 测量的压强值在 3% 误差范围内一致[43]。表 3-1 给出了不同温度下 NaCl 的体积变化量与压强计算值[44]。图 3-12

表 3-1　不同温度下 NaCl 的体积变化量 $\Delta V/V_0$ 与压强计算值

（单位：GPa）

$\Delta V/V_0$	273	298	373	473	573	773	1073
				T/K			
0.0	—	0.000	0.213	0.500	0.789	1.372	2.248
0.0060	0.074	0.144	0.357	0.644	0.934	1.516	2.393
0.0120	0.224	0.294	0.506	0.793	1.083	1.665	2.543
0.0179	0.377	0.447	0.660	0.947	1.237	1.819	2.697
0.0238	0.536	0.606	0.818	1.106	1.395	1.978	2.856
0.0297	0.700	0.770	0.982	1.269	1.559	2.142	3.020
0.0356	0.868	0.938	1.151	1.438	1.728	2.311	3.189
0.0414	1.042	1.112	1.324	1.612	1.901	2.485	3.363
0.0472	1.222	1.291	1.504	1.791	2.081	2.664	3.543
0.0530	1.407	1.476	1.688	1.976	2.265	2.849	3.728
0.0588	1.597	1.667	1.879	2.166	2.456	3.040	3.919
0.0646	1.793	1.863	2.075	2.362	2.652	3.236	4.116
0.0703	1.996	2.065	2.277	2.565	2.854	3.438	4.319
0.0760	2.204	2.274	2.486	2.773	3.063	3.647	4.527
0.0817	2.419	2.488	2.700	2.987	3.277	3.861	4.742
0.0873	2.640	2.710	2.921	3.208	3.498	4.083	4.964
0.0930	2.868	2.937	3.149	3.436	3.726	4.311	5.192
0.0986	3.103	3.172	3.384	3.671	3.961	4.545	5.427

$\Delta V/V_0$	273	298	373	473	573	773	1073
				T/K			
0.1800	7.571	7.640	7.850	8.136	8.426	9.013	9.898
0.1852	7.942	8.011	8.221	8.507	8.797	9.384	10.270
0.1904	8.324	8.393	8.602	8.889	9.179	9.765	10.652
0.1956	8.717	8.785	8.995	9.281	9.571	10.158	11.044
0.2008	9.121	9.189	9.398	9.684	9.975	10.561	11.448
0.2060	9.536	9.604	9.813	10.099	10.390	10.976	11.864
0.2111	9.963	10.031	10.240	10.526	10.816	11.403	12.291
0.2162	10.401	10.469	10.679	10.964	11.255	11.842	12.730
0.2213	10.853	10.921	11.130	11.415	11.706	12.293	13.181
0.2264	11.317	11.384	11.593	11.879	12.169	12.757	13.645
0.2314	11.794	11.861	12.070	12.356	12.646	13.233	14.122
0.2364	12.284	12.352	12.560	12.846	13.136	13.723	14.612
0.2414	12.788	12.855	13.064	13.349	13.640	14.227	15.116
0.2464	13.306	13.373	13.582	13.867	14.157	14.745	15.634
0.2514	13.838	13.906	14.114	14.399	14.689	15.277	16.167
0.2563	14.386	14.453	14.661	14.946	15.236	15.824	16.714
0.2612	14.948	15.015	15.223	15.508	15.798	16.386	17.276
0.2661	15.526	15.593	15.801	16.086	16.376	16.964	17.854

续表

$\Delta V/V_0$	T/K						
	273	298	373	473	573	773	1073
0.2710	16.120	16.187	16.394	16.679	16.970	17.558	18.448
0.2998	20.044	20.111	20.317	20.602	20.892	21.480	22.372
0.3045	20.763	20.829	21.035	21.320	21.610	22.198	23.091
0.3092	21.501	21.567	21.773	22.057	22.347	22.936	23.829
0.3139	22.259	22.326	22.531	22.815	23.105	23.694	24.587
0.3185	23.038	23.105	23.310	23.594	23.884	24.473	25.366
0.3232	23.839	23.905	24.110	24.394	24.684	25.273	26.166
0.3278	24.661	24.727	24.932	25.216	25.506	26.095	26.988
0.3324	25.506	25.572	25.777	26.060	26.350	26.939	—
0.3369	26.374	26.439	26.644	26.928	27.217	27.806	—
0.3415	27.265	27.331	27.535	27.819	28.108	28.697	—
0.3460	28.181	28.246	28.451	28.734	29.023	29.612	—
0.3505	29.121	29.187	29.391	29.674	29.963	—	—
0.3550	30.087	30.153	30.357	30.640	30.929	—	—

$\Delta V/V_0$	T/K						
	273	298	373	473	573	773	1073
0.1042	3.344	3.413	3.625	3.912	4.202	4.787	5.669
0.1097	3.593	3.662	3.874	4.161	4.451	5.035	5.918
0.1153	3.849	3.918	4.130	4.416	4.707	5.292	6.174
0.1208	4.113	4.182	4.393	4.680	4.970	5.555	6.438
0.1263	4.384	4.453	4.664	4.951	5.241	5.826	6.710
0.1317	4.663	4.732	4.943	5.230	5.520	6.106	6.989
0.1372	4.951	5.020	5.231	5.518	5.808	6.393	7.277
0.1426	5.247	5.316	5.526	5.813	6.103	6.689	7.573
0.1480	5.551	5.620	5.831	6.117	6.408	6.993	7.877
0.1534	5.864	5.933	6.144	6.430	6.721	7.306	8.191
0.1588	6.187	6.255	6.466	6.753	7.043	7.629	8.513
0.1641	6.518	6.587	6.797	7.084	7.374	7.960	8.845
0.1694	6.859	6.928	7.138	7.425	7.715	8.301	9.186
0.1747	7.210	7.279	7.489	7.775	8.066	8.652	9.537

注: 常压下 $p \approx 10^{-4}$ GPa, 在表中近似为 0; 表中 $\Delta V = V_0 - V$, V_0 为常压, 298K 温度下 NaCl 的晶胞体积[44]。

是以表 3-1 中 298K 温度下数据点作的 p-$\Delta V/V_0$ 曲线。常温高压实验中，测量压标物质 NaCl 的衍射光谱，得到未知压强 p 下 NaCl 的晶格常数，计算出对应的晶胞体积 V 及体积变化量 $\Delta V/V_0$，采用插值法计算 p 值。例如，采用一阶拉格朗日插值法，设 $\Delta V/V_0$ 落于图中两数据点 $(\Delta V/V_0)_i$ 和 $(\Delta V/V_0)_j$ 之间，它们对应的压强值分别为 p_i、p_j，则通过以下公式求出 p

$$p = p_j \frac{\Delta V/V_0 - (\Delta V/V_0)_i}{(\Delta V/V_0)_j - (\Delta V/V_0)_i} + p_i \frac{\Delta V/V_0 - (\Delta V/V_0)_j}{(\Delta V/V_0)_i - (\Delta V/V_0)_j}$$

需要说明的是，NaCl 作为压标物质的局限性在于它在约 30GPa 会发生 B1-B2 结构相变[45,46]。

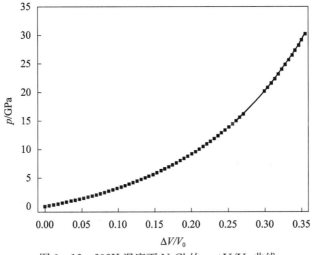

图 3-12　298K 温度下 NaCl 的 p-$\Delta V/V_0$ 曲线

参考冲击波实验所得的数据即冲击波速度（shock velcocity）与粒子速度（particle velocity），得到压强、体积及内能的一组数据，再根据德拜模型求出对应的温度，其中由压强、体积确定的 $p(V)$ 线称为冲击压缩线或雨贡纽线（Hugoniot）。通过这种方法研究者们从理论上给出金（Au）、银（Ag）、铜（Cu）、钯（Pd）、铑（Rh）、钼（Mo）、钨（W）、铼（Re）、铂（Pt）、氧化镁（MgO）等物质半经验的 p-V 状态方程。高压实验过程中将它们作为压标物质放在样品腔内，通过测量它们的衍射数据计算出晶胞体积，代入状态方程中计算压强[47-60]。例如，Dubrovinsky 等在金刚石压腔中使用二级微球压砧获得了约 600GPa 的高压，该实验采用 Au 和 Re 作为压标物质，利用它们的 X 射线衍射数据和状态方程推算压强[61]。

图 3-13 是根据冲击波实验得到的冲击压缩线及德拜模型，计算出 300K 温度下 Pt 的 p-V/V_0 曲线，由该曲线拟合得到 0～550GPa 范围内 Pt 状态方

程式[54]：

$$p = 798.31 \times \{7.2119 \times [1-(V/V_0)^{\frac{1}{3}}]/(V/V_0)^{\frac{2}{3}}\} \exp\{7.2119 \\ \times [1-(V/V_0)^{\frac{1}{3}}]\}$$

其中，压强 p 单位为 GPa，常压、300K 温度下 Pt 的晶胞体积 $V_0=101.9$（原子单位）。常温高压实验中，测量压标物质 Pt 的衍射光谱，得到未知压强 p 下 Pt 的晶格常数，计算出对应的晶胞体积 V 及相对体积 V/V_0，代入上式计算 p 值。由该公式计算的压强误差在 10% 以内[54]。

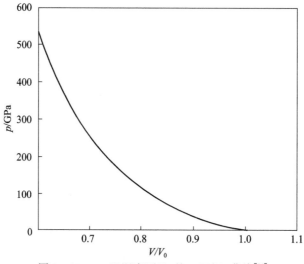

图 3-13　300K 温度下 Pt 的 p-V/V_0 曲线[54]

　　表 3-2 是根据冲击波实验得到的冲击压缩线及德拜模型，计算出的 Au 等容线上的温度、压强值[60]。表中列出了不同温度下 Au 相对体积 V/V_0 对应的压强值。图 3-14 是以表 3-2 中 300 K 温度下数据点作的 p-V/V_0 曲线。在常温高压实验中测量压标物质 Au 的衍射光谱，得到未知压强 p 下 Au 的晶格常数，计算出对应的晶胞体积 V 及相对体积 V/V_0（V_0 取常压、300 K 温度下 Au 的晶胞体积），采用插值法计算 p 值。例如，采用二阶拉格朗日插值法，选取距 V/V_0 最近的三个数据点 $(V/V_0)_i$、$(V/V_0)_{i+1}$、$(V/V_0)_{i+2}$，它们对应的压强值分别为 p_i、p_{i+1}、p_{i+2}，则通过以下公式求出 p

$$p = p_i \frac{[V/V_0-(V/V_0)_{i+1}][V/V_0-(V/V_0)_{i+2}]}{[(V/V_0)_i-(V/V_0)_{i+1}][(V/V_0)_i-(V/V_0)_{i+2}]} \\ + p_{i+1} \frac{[V/V_0-(V/V_0)_i][V/V_0-(V/V_0)_{i+2}]}{[(V/V_0)_{i+1}-(V/V_0)_i][(V/V_0)_{i+1}-(V/V_0)_{i+2}]}$$

$$+ p_{i+2} \frac{[V/V_0 - (V/V_0)_i][V/V_0 - (V/V_0)_{i+1}]}{[(V/V_0)_{i+2} - (V/V_0)_i][(V/V_0)_{i+2} - (V/V_0)_{i+1}]}$$

表 3 - 2　Au 等容线上的温度、压强值[60]　　　　　（单位：GPa）

V/V_0	T/K							
	0	300	500	1000	1500	2000	2500	3000
1.00	—	0.00	1.42	4.99	8.58	—	—	—
0.98	1.92	3.59	4.98	8.49	12.02	—	—	—
0.96	6.08	7.70	9.07	12.53	16.00	19.48	—	—
0.94	10.83	12.41	13.76	17.16	20.59	24.02	—	—
0.92	16.26	17.80	19.13	22.49	25.87	29.26	32.67	—
0.90	22.46	23.96	25.27	28.59	31.93	35.29	38.66	—
0.88	29.55	31.01	32.30	35.59	38.91	42.23	45.58	48.94
0.86	37.65	39.07	40.36	43.62	46.91	50.21	53.53	56.87
0.84	46.93	48.31	49.59	52.83	56.10	59.39	62.69	66.01
0.82	57.55	58.90	60.17	63.40	66.66	69.93	73.22	76.53
0.80	69.73	71.05	72.31	75.54	78.79	82.06	85.34	88.65
0.78	83.71	85.01	86.27	89.49	92.74	96.01	99.30	102.61
0.76	99.80	101.07	102.33	105.56	108.82	112.10	115.39	118.71
0.74	118.34	119.58	120.84	124.08	127.36	130.65	133.96	137.30
0.72	139.75	140.96	142.23	145.49	148.78	152.10	155.43	158.79
0.70	164.52	165.71	166.98	170.26	173.59	176.93	180.30	183.68
0.68	193.25	194.42	195.70	199.01	202.37	205.75	209.16	212.58
0.66	226.67	227.82	229.10	232.46	235.86	239.29	242.74	246.20
0.64	265.66	266.78	268.08	271.48	274.93	278.41	281.91	285.44
0.62	311.29	312.39	313.70	317.15	320.66	324.20	327.77	331.35
0.60	364.87	356.95	367.27	370.78	374.37	377.98	381.61	385.26

注：常压下 $p \approx 10^{-4}$ GPa，在表中近似为 0。

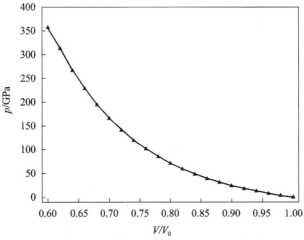

图 3 - 14　300K 温度下 Au 的 p-V/V_0 曲线

2）红宝石荧光光谱法

当可见光波段的激光束（例如 442nm 的 He-Cd 激光束、458～488nm 的 Ar^+ 激光束）照射红宝石（ruby，含约 5% Cr^{3+} 的 α-Al_2O_3）时，红宝石受激发射荧光。其中，Cr^{3+} 发生了 $E^2 \rightarrow {}^4A_2$ 的能级跃迁，受能级分裂影响产生了 R1 和 R2 两条谱线，它们在 300K、常压下的波长分别为 694.25nm 和 692.86nm[62]。如图 3-15 所示，R1 谱线峰形尖锐、强度较大、背景噪声低。

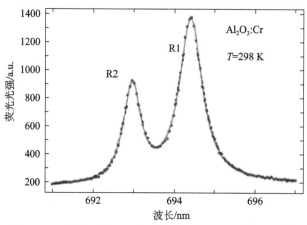

图 3-15 常压下红宝石荧光光谱中的 R1 和 R2 谱线[62]

红宝石荧光光谱法测压的原理是基于 R1 谱线随着压强的增大向长波长方向移动[63,64]。随着压强的增加，红宝石中 Cr 离子的 $E^2 \rightarrow {}^4A_2$ 能级跃迁的能级差越来越小，造成 R1 谱线红移[62,65]。测压方法是将红宝石小晶粒放入样品腔，测量 R1 谱线的波长，代入它随压强变化的关系式计算出压强。该方法需要先标定 R1 谱线的波长随压强变化的关系式[63,65-71]。例如，Piermarini 等利用 NaCl 的状态方程将 R1 谱线随压强的变化关系标定到 19.5GPa[66]。标定方法是将 NaCl 和红宝石放入样品腔，传压介质采用体积比为 4:1 的甲醇、乙醇混合物。常温下逐渐加压，每次增加压力后，保持压力不变，分别测量 NaCl 的 X 射线衍射谱及红宝石的荧光光谱。根据 NaCl 的状态方程计算出样品腔内的压强 p，测量红宝石荧光光谱中 R1 谱线的波长，计算出相比于常压下波长的改变量 $\Delta\lambda$。标定实验中一共测量了 47 组数据，拟合得到 $\Delta\lambda$（单位：Å）与压强 p（单位：GPa）的关系式为[62] $p = 0.2746 \times \Delta\lambda$。

Mao 等利用 Cu、Mo、Ag、Pd 四种金属的状态方程，将红宝石 R1 谱线波长随压强的变化关系标定到 100GPa[68]。常压下波长 λ_0（单位：nm）、高压下波长相比于常压的改变量 $\Delta\lambda$（单位：nm）与压强 p（单位：GPa）的关系式为[68]

$p=(1904/5)\{[(\lambda_0+\Delta\lambda)/\lambda_0]^5-1\}=380.8\left[\left(\dfrac{\Delta\lambda}{\lambda_0}+1\right)^5-1\right]$。Xu 等将此公式的应用范围推广到非静水压条件下 200GPa[65]。

　　如前所述，样品腔内的传压介质固化后，样品将处于准静水压或非静水压环境中，不同环境下样品腔内的压力均匀性不同，会影响标定结果[65]。Mao 等在 Ar 作传压介质的准静水压条件下，利用 Cu 的状态方程标定了 80GPa 以内 R1 谱线波长随压强的变化关系[69]。波长改变量 $\Delta\lambda$（单位：nm）与压强 p（单位：GPa）的关系式[69]：$p=248.4\left[\left(\dfrac{\Delta\lambda}{\lambda_0}+1\right)^{7.665}-1\right]$。

　　以上对红宝石 R1 谱线随压强变化关系的标定实验都是在常温下进行的，高于或低于常温条件下利用 R1 谱线测量压强时需要进行修正[62,72]。一般认为，在 673K 以下采用红宝石 R1 谱线测量压强[73]。为了在室温以上采用光谱法测量压强，研究者们探索了不同的压标物质。理想的压标物质应具备：单一峰、谱线强度大、半峰宽小、谱线波长随压强变化（$d\lambda/dp$）大、随温度变化（$d\lambda/dT$）小，背景噪声低。文献报道的压标物质有掺钐钇铝石榴石晶体（Sm：YAG）的 Y1、Y2 谱线、氮（δ 相和液相 N_2）的拉曼光谱、紫翠玉（alexandrite，$BeAl_2O_4$：Cr^{3+}）的 R1 和 R2 谱线等[72-75]。例如，在 $6\sim820K$、$<25GPa$ 范围内，Sm：YAG 的 Y1、Y2 谱线的峰位随着压强的增加移向低波数，但随温度变化不明显。忽略温度的影响，压强 p（单位：GPa）与 Y1、Y2 谱线波数 $\tilde{\nu}$（单位：cm^{-1}）的变化关系分别为[73]

$$p=-0.12204\times(\tilde{\nu}-16187.2)$$
$$p=-0.15188\times(\tilde{\nu}-16232.2)$$

在 $290\sim550K$、$<50GPa$ 范围内，紫翠玉的 R1、R2 谱线波长 λ（单位：nm）与压强 p（单位：GPa）、温度 T（单位：K）的变化关系分别为[74]

$$\lambda=680.26+8.7\times10^{-3}\times(T-273)+0.292p+1.3\times10^{-3}p^2$$
$$\lambda=678.63+7.8\times10^{-3}\times(T-273)+0.031p+0.8\times10^{-3}p^2$$

在 5000K、40GPa 以内，δ 相和液相 N_2 的振动峰拉曼位移 ω（单位：cm^{-1}）与压强 p（单位：GPa）、温度 T（单位：K）的变化关系为[73]

$$\omega=2327.2+2.855p-3.2\times10^{-2}p^2-2.01\times10^{-3}T-7.88\times10^{-7}T^2-2$$
$$\times(14.456-7.07\times10^{-5}T)$$

3.3　加热与测温方法

　　金刚石压腔的加热方式有电阻加热和激光加热，采用电阻加热，较低压力下样品温度可达约 3000K[76]。如图 3 - 16 所示，激光加热样品温度可达约 6000K[77]。

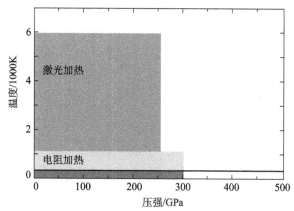

图 3 - 16　不同加热方法对应的压强、温度范围[77]（后附彩图）
图中电阻加热的温度范围考虑了金刚石的热稳定性，详见 3.3.1 节

3.3.1　电阻加热

　　电阻加热是传统的加热方式，可以持续、稳定加热，并且样品的温度比较均匀。由于金刚石在空气中 900K 以上会氧化、1120K 以上会燃烧，所以要达到更高的温度，需要使金刚石压腔处于真空环境或惰性气氛中[78-81]，或者使加热器件、高温样品与金刚石压砧很好地隔热，降低压砧的温度[76]。另外，高温会影响活塞、圆筒、底座或摇杆、封垫的硬度，有些甚至会被氧化，所以也需要考虑加热器件与这些部位的隔热问题。金刚石压腔中电阻加热有内部电阻加热和外部电阻加热两种方式。使用电阻加热圈在金刚石压砧外围加热的方式称为外部电阻加热。图 3 - 17 是一个外部电阻加热的例子，使用的是 Mao-Bell 型压腔[78]。在真空环境中用盘在滑石板上的 Pt13％Rh 丝加热金刚石压砧，热电偶放置在靠近样品的砧面附近，温度最高达到约 1300K，该装置可以对样品进行高温高压下的 X 射线衍射分析。实验在真空环境中进行，避免了金刚石氧化、碳化钨摇杆在 1000K 以上氧化生成 $CoWO_4$。

　　内部电阻加热是在样品腔内使用加热器件对样品进行加热。图 3 - 18 是一个内部电阻加热的例子[76]。该装置采用厚 0.020mm、宽 0.080mm 的铼丝作为加热器件，铼丝中心有一个直径为 0.025mm 的样品腔。样品周围填充电绝缘的传压介质，传压介质要求具有低的抗剪切强度、高温下化学性能稳定、热导率相对低、光学透明（用于热辐射测温）且较低的 X 射线散射强度等性质，可选用的材料有 SiO_2 玻璃、Al_2O_3 粉末及 MgO 粉末。为了减少高温高压下传压介质

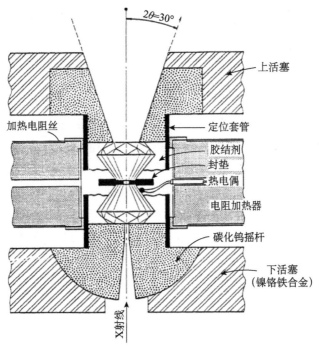

图 3-17　一种外部电阻加热装置图[78]

及样品的过大形变，在边缘放置一个电绝缘封垫，它是由体积分数为 30% 的金刚石粉末和体积分数为 70% 的 MnO 粉末组成的混合物。该装置达到了压力约 10GPa、温度约 3000K 的条件，当样品温度为 2800K 时，金刚石压砧的最高温度为 470K，可见样品和金刚石之间隔热良好。

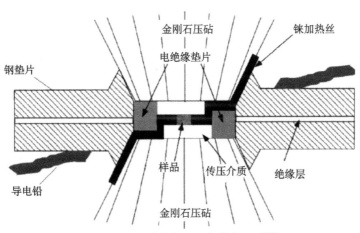

图 3-18　一种内部电阻加热装置图[76]

需要说明的是，压强越高，压砧砧面、样品腔越小，电阻加热的方法受限。目前，100GPa、3000K 以上的超高压高温实验都是采用激光加热。

3.3.2 激光加热

激光加热的原理是利用物质对红外线的吸收。20 世纪 70 年代，Ming 等报道了在金刚石压腔中使用激光加热，在 26GPa 条件下达到了 3000℃的高温[82]。如图 3-19 所示，Nd：YAG 激光源可以连续发射波长为 1064nm 的红外线。红外线经过显微镜物镜聚焦到金刚石压腔内的样品上，束斑直径为 0.002～0.005mm，样品吸收红外线后温度上升。该装置为单面激光加热，即从一个压砧方向入射激光加热样品。样品热辐射的信号经二向色滤光器到达光学高温计，经分析得到样品温度值。由于红外线视觉上不可见，采用了 He-Ne 激光器发射的波长为 700nm 的红色光辅助聚焦。

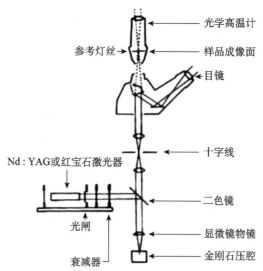

图 3-19　一种单面激光加热光路图[82]

有些物质特别是氧化物不容易吸收 Nd：YAG 激光器发出的 1064nm 的红外线，一种方法是在样品腔中添加铂黑、石墨粉等物质，它们吸收激光产生高温，利用热传导加热样品。实验前需要考虑这些物质在高温高压条件下是否会与样品反应，使用石墨粉时应避免其转化为金刚石。另一种方法是采用大功率的 CO_2 激光器，几乎所有的物质都可以吸收这种激光器发出的 10.6μm 的红外线。由于 Ia 型金刚石中的杂质对这个波段的光有吸收，所以采用 IIa 型金刚石作压砧和 CO_2 激光器联合使用对样品进行高压下的激光加热。由于 IIa 型金刚石价格昂贵，所以现在仍广泛使用 Nd：YAG 激光器与Ⅰa 型金刚石的组合[83]。

由于金刚石良好的导热性，在垂直方向上（即轴向）从样品到金刚石存在较大的温度梯度；传统使用的 TEM_{00} 模式激光束端面强度呈高斯分布，在激光加热点沿水平方向上（即径向）存在温度梯度[84]。为此人们不断探索如何改进激光加热的能力、样品中温度的测量与控制、最小化温度梯度等。Shen 等设计了一种双面激光加热 DAC 系统，该系统可以达到 150GPa、4000K 以上的超高压高温状态[85]。如图 3-20 所示，Nd：YLF 激光器发射波长为 1053nm 的 TEM_{00}、TEM_{01}^* 两种模式的激光束，无论哪种模式，激光束端面的强度分布都不均匀。利用两种模式的互补性，将两种模式按一定的强度比例复合。复合模式激光（激光束直径约为 $20\mu m$）加热样品，可以得到温度梯度很小的加热区域。光路系统如图 3-21 所示，两个 Nd：YLF 激光器分别发射出 TEM_{00}（Gaussian 模式）与 TEM_{01}^*（Donut 模式）连续波模式的激光束。TEM_{00} 与 TEM_{01}^* 分别为垂直极化波和水平极化波。采用极化波的目的在于通过改变极化方向调整激光的能量。两个极化波由分束器（bs2）耦合在一起。复合后的光束经两向色镜（m3）反射，被分束器（bs3）分为相同的两束光。这两束激光经二向色镜（m5）反射、物镜（L1）聚焦、m6 镜（由镀银的铍或非晶态碳制成）反射后照射在样品上，进行双面加热。双面激光加热减小了轴向的温度梯度，且加热面积比 X 射线衍射的光斑大，提高了样品 X 射线衍射数据的准确度。

 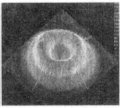 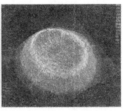

TEM_{00}模式　　　　　TEM_{01}^*模式　　　$TEM_{00}+TEM_{01}^*$复合模式

图 3-20　不同模式的激光束端面强度分布图[85]（后附彩图）

3.3.3　温度的测量

热电偶是常用的测温手段，在早期电阻加热的 DAC 实验中经常使用。但是 DAC 的样品腔很小，热电偶一般不能放在样品腔中，所测温度不能精确地反映样品温度。热电偶可测量的温度范围有限，并且不能定量地修正压力对热电偶信号的影响。所以在 DAC 高温实验中已经不再经常使用热电偶，而是广泛采用热辐射测温。

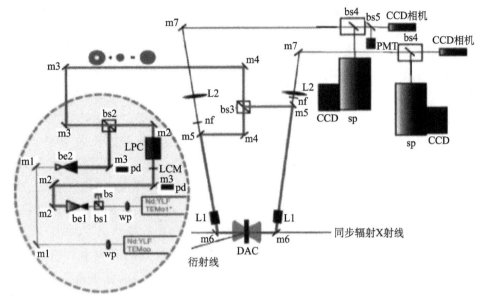

图 3-21　一种双面激光加热光路图[85]

wp（wave plate）-波片；bs1/bs2（polarized cube beamsplitter）-极化立方体分束器；

be1/be2（zoom beam expander）-变焦扩束器；bs3（nonpolarized 50/50 cube beamsplitter）-非极化立方体分束器；

bs4（50/50 neutral beamsplitter）-50/50 分束器；bs5（90/10 pellicle beamsplitter）-90/10 薄膜分束器；

pd（photodiode for monitoring the laser power）-用于监测激光功率的光电二极管；

PMT（photo muliplier tube）-光电倍增管；sp（spectrograph）-光谱仪；

nf（notch filter）-陷波滤波器；LPC（laser power controller）-激光功率控制器；

L1（apochromatic objective lens）-复消色差物镜；L2（achromatic lens）-消色差透镜

热辐射是指物体在发射辐射的过程中不改变内能，只要通过加热来维持它的温度，辐射就可以连续不断地进行下去[86]。固体、液体，甚至相当厚的气体都发射这种辐射[86]。为了定量地表征热辐射强度，定义光谱辐射度 $r(\lambda,T)$ 为每单位面积的辐射体在温度 T、波长 λ 处的每单位波长间隔，向立体角 2π 所发出的辐射通量[86]。能够在任何温度下全部吸收任何波长的辐射的物体，称为绝对黑体，简称黑体。物体的发射本领等于它的吸收本领，因此对于任何波长，非黑体的光谱辐射度 $r'(\lambda,T)$ 永远小于在同一温度下的黑体的光谱辐射度 $r(\lambda,T)$，定义物体的发射本领 $\varepsilon(\lambda,T)$ 为

$$\varepsilon(\lambda,T)=\frac{r'(\lambda,T)}{r(\lambda,T)}$$

黑体的发射本领 $\varepsilon=1$，发射本领 $\varepsilon=C$（C 为小于 1 的常数）的非黑体称为灰体。

实际上不存在理想的黑体，也没有理想的灰体，有些物体只在某一有限的波长区域内具有与灰体相近的特性。但人工制造黑体却是可能的，利用人造黑体，人们测得不同温度下黑体的光谱能量分布曲线。为了解释黑体辐射光谱，维恩从热力学经典理论中推出维恩公式[86]：

$$r(\lambda,T)\mathrm{d}\lambda = c_1\lambda^{-5}\mathrm{e}^{\frac{c_2}{\lambda T}}\mathrm{d}\lambda$$

其中，c_1、c_2 为常数。如图 3 - 22 所示，维恩公式计算所得光谱曲线在高频范围与黑体辐射实验曲线符合得好，但在低频范围有较大误差[87]。随后瑞利和金斯用经典电磁理论和能量均分定理推出瑞利-金斯公式[86]：

$$r(\lambda,T)\mathrm{d}\lambda = \frac{2\pi c}{\lambda^4}kT\mathrm{d}\lambda$$

其中，c 为光速；k 为玻尔兹曼常量。如图 3 - 22 所示，瑞利-金斯公式计算所得光谱曲线在低频范围内还能符合实验曲线，在高频范围与实验值相差甚远[87]。1900 年，普朗克提出了一个纯经验的公式，很好地解释了黑体辐射的谱线。假设黑体是由带电的线性谐振子组成的，且谐振子的能量不连续，只能取一些分立值，经推导提出普朗克黑体辐射公式[86]：

$$r(\lambda,T)\mathrm{d}\lambda = 2\pi hc^2\lambda^{-5}\frac{1}{\mathrm{e}^{\frac{hc}{\lambda kT}}-1}\mathrm{d}\lambda$$

该公式不仅与实验符合得好，而且在辐射波长很长（或温度 T 很高）和波长很短的两种极限情况下（即 $hc/\lambda kT \ll 1$ 和 $hc/\lambda kT \gg 1$），能过渡到维恩公式和瑞利-金斯公式。

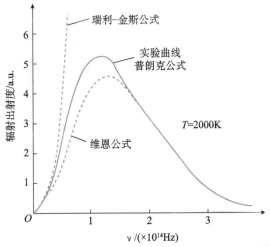

图 3 - 22　黑体辐射的理论计算和实验结果的比较[87]

将普朗克黑体辐射公式推广，得到发射本领为 ε 的物体热辐射光强公式：

$$I(\lambda, T) = c_1 \varepsilon(\lambda, T) \lambda^{-5} \frac{1}{e^{\frac{c_2}{\lambda T}} - 1}$$

其中，$c_1 = 2\pi h c^2 = 3.7418 \times 10^{-16}\,\mathrm{W \cdot m^2}$；$c_2 = hc/k = 0.014388\,\mathrm{m \cdot K}$。当 $\varepsilon = 1$ 时，表示黑体；当 $\varepsilon = C$（C 为小于 1 的常数）时，表示灰体。图 3-19 中的光学高温计是早期使用的用于热辐射测温的装置。原理是将被测样品在一定波长间隔内的亮度（使用有色玻璃滤出所需波长的光，通常采用约 660nm，该方法只能得到窄波长间隔的光）与黑体在同一波长间隔内的亮度加以比较，将样品的温度定为与该亮度对应的黑体温度[86]。测量方法是观察样品成像面上的灯丝亮度。通过调节电流改变灯丝的亮度，当二者亮度相等时观察不到灯丝，认为样品与灯丝具有相等的温度，以黑体作为标准预先标定灯丝的温度[86]。实际上被测样品并不是黑体，因此存在测温误差，误差值与被测样品的温度、测量波长均有关[86]。

热辐射测温的原理是基于物体在不同的温度下发出的热辐射光强度按频率（或波长）的分布不同。除温度以外，热辐射光强还与发射本领 ε 有关，而 ε 也与波长、温度有关，不是常数。虽然可以实验测量 ε 值，但很多物质没有相关数据。在这种情况下，目前常用的计算温度方法是测量一段波长的辐射光强度，在该光谱范围内设 ε 为常数，拟合热辐射公式，例如，采用最小二乘法得到温度的最优拟合值。图 3-23 是 25GPa 下 670~803nm 波长范围内 Pt 样品的热辐射测量曲线[85]。根据普朗克热辐射公式，图中给出了 $T = 1622.3$K 的拟合曲线[85]。例如，采用维恩公式拟合

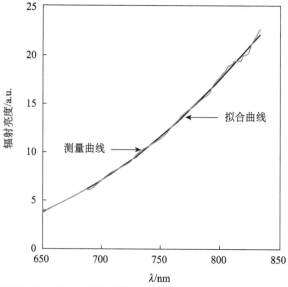

图 3-23　25GPa 压力下 Pt 样品的热辐射测量曲线及 $T = 1622.3$K 拟合曲线[85]

$$J = \ln\varepsilon - \omega T^{-1}$$

其中，$J = \ln(I_\lambda \lambda^5 / c_1)$；$\omega = c_2/\lambda$；$c_1 = 2\pi hc^2$；$c_2 = hc/k$；$I_\lambda$ 为波长 λ 的辐射光的强度。测量多个波长的辐射光强度，得到 J 与 ω 的数据组，拟合一次函数，所得曲线的斜率即为 T^{-1}，截距为 $\ln\varepsilon$ [85]。图 3 - 21 是集双面激光加热、热辐射测温及同步辐射 X 射线衍射于一体的光路系统[85]。m6 镜可以反射来自样品的成像光和热辐射信号，这些信号透过复消色差物镜（L1）、二向色镜（m5）和陷波滤波器（nf）后，由透镜（L2）聚焦、反射镜（m7）引导、分束器（bs4）分光后，进入 CCD 相机、光谱仪（sp）和探测器（CCD）。CCD 相机用于观察样品的图像，光谱仪和 CCD 探测器用于测量样品的热辐射光谱。根据测量的热辐射曲线，拟合计算得到温度值。

3.4　高压原位分析方法

金刚石具有良好的光学性能，对 10keV 以上的 X 射线及 γ 射线、5eV 以下的紫外线、可见光和红外线是透明的，为样品的高压原位光学检测提供了透明窗口。除光学分析法以外，与金刚石压腔结合的高压原位分析方法还包括电学性质、磁学性质和弹性性质等测量。下面简单介绍常用的 X 射线衍射法、拉曼散射光谱法及电阻率测量方法。

3.4.1　X 射线衍射法

金刚石压腔结合 X 射线衍射广泛用于高压下固体、液体的结构和相变研究。根据入射光的不同，高压下 X 射线衍射分为角度分散 X 射线衍射（简称角散，angle dispersive X-ray diffraction）和能量分散 X 射线衍射（简称能散，energy dispersive X-ray diffraction，EDXD）。入射单波长的 X 射线，在一定的角度范围收集衍射信息的方法称为角散。将衍射峰对应的衍射角 2θ 代入布拉格方程 $2d\sin\theta = \lambda$ 求得晶面间距。当采用能量较低的 X 射线进行角散时，受金刚石压腔出射衍射线窗口的限制，只能收集到晶面间距比较大的衍射峰，而丢失了晶面指数比较大的晶面信息。入射单波长 X 射线的能量越高，同样的角度范围内，得到的晶面信息越多，但是同时也要求探测器具有更高的角度分辨率。能散是使用一段能量范围内的、具有连续波长的入射 X 射线。根据 $2Ed\sin\theta = hc$，在固定衍射角 2θ 处，发生衍射的 X 射线能量与一定的晶面间距相对应。能散相对于角散的优势在于只需要一个小的角度就可以收集到很多晶面信息，降低了对金刚石压腔衍射光的出射口大小及样品大小的要求[88]。但由于样品对不同波长的光吸收不同，可能会引起不同波长衍射光强的测量误差。

按入射 X 射线的方向不同，高压下 X 射线衍射分为轴向 X 射线衍射（axial X-ray diffraction）和径向 X 射线衍射（radial X-ray diffraction，RXD），如图 3-24 所示。轴向 X 射线衍射法中，入射 X 射线穿过金刚石压砧后作用于样品腔内的样品，对封垫材料无特殊要求，操作方便，被广泛采用。径向 X 射线衍射法中，入射 X 射线通过封垫后作用于样品腔内的样品，因此需要使用 X 射线吸收系数小的材料做封垫。主要是内层电子吸收 X 射线，一般情况下原子序数越小的物质对 X 射线的吸收效应越小。径向 X 射线衍射常用的封垫材料是化学性质较为稳定的铍（Be），如图 3-25 所示。处于非静水压环境中的样品，样品在不同方向上受到的应力不同，应变也不同。改变样品内的应力时，样品的应变随之发生变化。应变不同会造成晶面间距和衍射峰位的不同，径向 X 射线衍射分析为研究物质高压下弹性模量等力学性质提供了实验方法[89,90]。

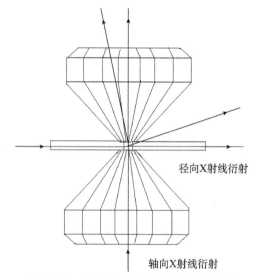

图 3-24 轴向和径向 X 射线衍射示意图

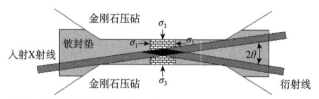

图 3-25 高压下样品受到不同方向的应力 σ_1 和 σ_3 及径向 X 射线衍射示意图[90]

早期实验室中用于高压研究的 X 射线是高速运动的电子轰击金属靶而产生的（即使用 X 射线管），亮度和能量都低，拍摄一张光谱需要数天或数周，而且

光束的直径为 $50\sim120\,\mu m$，只能用于低压研究。20 世纪 60 年代发展起来的同步辐射光源大大推动了高压技术的发展。同步辐射是速度接近光速的带电粒子在做曲线运动时沿轨道切线方向发出的电磁辐射。同步辐射 X 射线能量高、亮度大，同步辐射 X 射线衍射获得的晶面信息丰富，细聚焦的光束提了空间分辨率，摄谱时间短。图 3-21 是集双面激光加热、热辐射测温及同步辐射 X 射线衍射于一体的光路系统[85]。m6 镜可以让 X 射线透过，同步辐射 X 射线沿轴向进入样品腔，样品的衍射光从金刚石压腔中出射后由探测器接收。

超高压下金刚石压腔中的样品很小，对原位仪器分析需要的光源要求很高，同步辐射是现有的唯一能满足需求的光源。同步辐射光源有四个主要的优点[91]：它覆盖了从远红外（$10^{-4}\,eV$）到硬 X 射线（$10^{5}\,eV$）很宽的能量范围，是一个包括多种波长光的综合光源，可以开展多种仪器分析方法；亮度大，第一代源亮度比 X 射线管发出的特征谱亮度、连续谱亮度分别高出三四个数量级、六七个数量级，第三代光源还可再高五个数量级，亿倍的光强可被用来作空前的高分辨（空间分辨、能量分辨、时间分辨）的实验；光源稳定且发射角小，光线是近平行的，所以利用率、分辨率均大大提高；同步辐射光在电子运动的轨道平面上是线性极化的，在垂直于该平面的方向是椭圆极化的，另外还具有一定的相干性。同步辐射与金刚石压腔结合，使人们能够更精确地研究高压下，特别是超高压下材料的晶体结构、弹性、电子态密度及键结构等物理性质[10,92]。例如，Yang 等实现了高压下同步辐射共振 X 射线衍射成像（coherent X-ray diffraction imaging，CXDI）原位测量技术，用于测量高压下单个晶体的内部微小形变，研究形变理论及相变过程[93]。

3.4.2　拉曼散射光谱法

高压下拉曼散射是研究样品分子结构、相变的重要方法，图 3-26 是高压下拉曼散射分析法的光路图[65,94]。整个装置由显微镜系统、激光器、色散装置和探测器组成。激光器用来发射激发光，常用的有 Ar 离子激光器、He-Ne 激光器、Nd：YAG 激光器等，发射的激发光波长有 325nm（属于紫外线波段）、432nm、488nm、514nm、633nm、785nm、1064nm（属于红外线波段）等。激光束通过显微镜系统聚焦到金刚石压腔中的样品上，有两种方式入射，常用的是激光束沿金刚石压腔轴向垂直入射到样品上，样品背散射（back scattering）的拉曼散射光经显微镜物镜收集。另一种方式是激光束相对于金刚石压腔轴向以一定角度如 35°、45° 入射，目的在于避免反射光进入物镜，并降低沿激光束方向激发的金刚石拉曼散射光、荧光的干扰[95,96]。使用滤光片消除瑞利散射光后，拉曼散射光聚焦到拉曼光谱仪的入口狭缝。色散装置为双光栅或三光栅，色散后的散射光由 OMA（optical multi-channel analyzer，光多道分析仪）或 CCD

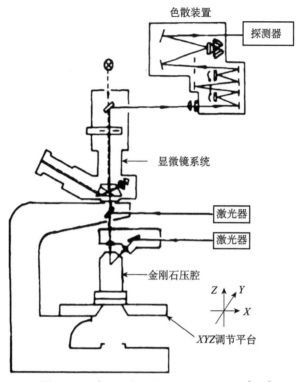

图 3-26　高压下拉曼散射分析法示意图[65,94]

（charge coupled device，电荷耦合器件）探测器记录，获得拉曼光谱图。目前，拉曼光谱仪的分辨率一般为 $1cm^{-1}$。Ⅰa 和 Ⅱa 型金刚石都可以作为拉曼散射的光学窗口，相比之下 Ⅱa 型金刚石内部缺陷引起的荧光和拉曼杂散光少。

3.4.3　电阻率测量方法

金刚石压腔样品腔小、样品腔内电极布线、防止高压下测量电路断路、电极与金属封垫绝缘、减小定量测量误差等是金刚石压腔中电学测量的难点。金刚石压腔中电阻率测量常采用范德堡法，该方法适合于测量形状不规则的等厚样品的电阻率。如图 3-27 所示，四个电极分布在样品腔边缘，电极与样品接触面积小。测量电阻率时，以任意两个相邻的电极例如 1、2，通以电流 I_1，测量另一对电极 2、3 间的电势差 V_1，由此得出：$R_1=V_1/I_1$。随后，以 2、3 电极通电流 I_2，测量另一对电极 4、1 间的电势差 V_2，由此得出 $R_2=V_2/I_2$。当样品厚度为 d 时，样品的电阻率 ρ 与 R_1、R_2 的关系[97]：

$$\mathrm{e}^{-\frac{\pi d}{\rho}R_1}+\mathrm{e}^{-\frac{\pi d}{\rho}R_2}=1$$

薄膜集成技术的应用改进了金刚石压腔中的电学测量电路[98-100]。图 3-28

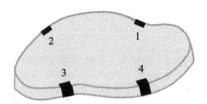

图 3 - 27　范德堡法测量等厚样品的电阻率[91]

1、2、3、4 为四个电极

是一种采用磁控溅射法在压砧上制作的测量电路[100]。首先在金刚石砧面上镀一层氧化铝绝缘层，再镀一层金属钼，刻蚀图中两个条形区域的钼层，将整个钼层分成相互绝缘的四个块，再镀一层氧化铝绝缘层。然后，在压砧中心刻蚀氧化铝薄膜，露出钼层制备出四个电极接触点，这四个钼电极接触点将与样品连接。由于四个钼电极接触点分别与相互绝缘的四块钼层区域是一体的，因此外部电路导线可连接于压砧侧面裸露的钼层，避免了从样品腔内引导线。

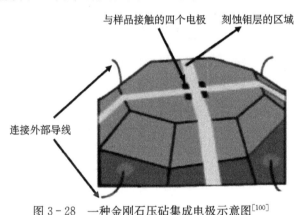

图 3 - 28　一种金刚石压砧集成电极示意图[100]

3.5　其他宝石压砧

除金刚石以外，宝石级的 SiC 单晶、Al_2O_3 单晶、ZrO_2 单晶由于具有光学透明性、较高的硬度，也可以用作压砧，相应的压腔分别简称为 MAC（moissanite anvil cell）、SAC（sapphire anvil cell）、CZAC（cubic zirconia anvil cell）[101,102]。表 3 - 3 列举了三种宝石单晶的一些物理参数，虽然它们的硬度不及金刚石，但是各有优点，可以补充金刚石压砧的不足。例如，研究 2300～2700cm^{-1} 范围内 D_2O 的 E_g 和 B_{1g} 两个拉曼散射峰的变化，有助于理解高压下氢键的结构与相变，金刚石的二级拉曼峰分布在 2300～2700cm^{-1}，SiC 和 ZrO_2

在这个波谱范围内没有拉曼峰，因此使用 SiC 和 ZrO_2 压砧研究 D_2O 拉曼光谱可以避免压砧的影响[102,103]。

表 3-3　三种宝石压砧的物理性质[104]

宝石压砧的物理性质		碳化硅 (moissanite)	蓝宝石 (sapphire)	立方氧化锆 (c-zirconia)
化学成分		SiC	Al_2O_3	ZrO_2（含 15mol% Y_2O_3）
晶体结构		$P6_3mc$	$R3c$	$Fm3m$
密度/（g/cm³）		3.217	3.97	5.6
努氏硬度/(kg/mm²)		3000	2000	1370
莫氏硬度		9.25	9	8.5
熔化温度/℃		2700	2105	2680
293K 时的热导率/（W·m⁻¹·K⁻¹）		140~500	35	1.8
热膨胀系数/10⁻⁶		2.8	7.8	10~16.6
热稳定温度 /℃	空气中	1700	1700	2400
	真空中	2000		
折射率		2.648, 2.6911	1.73	2.15~2.18
光学透明性		>425nm	<5.5μm	<6.9μm
可达到的最高压（GPa）/年份		58.7/2001	25.8/1995	16.7/1995

　　SiC 单晶的价格较金刚石低廉，可以做成大体积的压砧，Xu 等对 SiC 压砧构成的 MAC 压腔进行了开发研究[102,104,105]。SiC 压砧的结构及实物图如图 3-29 所示，MAC 压腔及施加外力装置的实物图如 3-30 所示。MAC 压

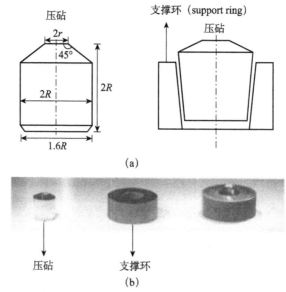

(a)

(b)

图 3-29　SiC 压砧及其支撑环的（a）结构示意图；（b）实物图[105]

砧面半径 $r=0.1~2mm$；$R=1.5~5mm$

腔最高压力接近 60GPa，可以开展高压下同步辐射 X 射线衍射、激光加热、红宝石荧光测压。此外，SiC 砧面直径可达 4mm，样品体积可以达到 0.3 克拉金刚石压腔样品体积的 1000 倍，样品体积较大，可以开展高压下的中子衍射实验。

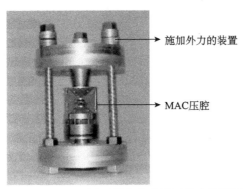

图 3-30　MAC 压腔及施加外力装置的实物图[105]

参 考 文 献

[1] Lawson A W, Tang T Y. A diamond bomb for obtaining powder picture at high pressure. Review of Scientific Instruments, 1950, 21 (4): 815-819.

[2] Bassett W A. Diamond anvil cell, 50th birthday. High Pressure Research, 2009, 29 (2): 163-186.

[3] 王光祖. 超硬材料制造与应用技术. 郑州: 郑州大学出版社, 2013: 1-35.

[4] Goncharenko I N. Neutron diffraction experiments in diamond and sapphire anvil cells. High Pressure Research, 2004, 24 (1): 193-204.

[5] Li B, Cheng J, Yang W G, et al. Diamond anvil cell behavior up to 4Mbar. Proceedings of the National Academy of Science, 2018, 115 (8): 1713-1717.

[6] Erements M I. High Pressure Experimental Methods. Landon: Oxford University Press, 1996.

[7] Mao H K, Bell P M. Technique of operating the diamond-window pressure cell: considerations of the design and functions of the diamond anvils. Carnegie Institution of Washington Year Book, 1977, 76: 646-650.

[8] Mao H K, Bell P M. Design and varieties of the megabar cell. Carnegie Institution of Washington Year Book, 1978, 77: 904-908.

[9] Hemley R J, Mao H K, Shen G, et al. X-ray imaging of stress and strain of diamond, iron and tungsten at megabar pressures. Science, 1997, 276: 1242-1245.

[10] Schubert G. Treatise on Geophysics. Amsterdam: Elsevier Science publishers, 2007: 231 - 267.

[11] 母国光，战元令. 光学. 北京：人民教育出版社，1987：229 - 237.

[12] Smith R L, Jr, Zhen F. Techniques, applications and future prospects of diamond anvil cells for studying supercritical water systems. The Journal of supercritical fluids, 2009, 47 (3): 431 - 446.

[13] Keen D A, Hull S. A powder neutron diffraction study of the pressure-induced phase transitions within silver iodide. Journal of Physics: Condensed Matter, 1993, 5: 23 - 32.

[14] Hull S, Keen D A. Pressure-induced phase transitions in AgCl, AgBr, and AgI. Physics Review B, 1999, 59 (2): 750 - 761.

[15] Mao H K, Bell P M. High-pressure physics: sustained static generation of 1. 36 to 1. 72 megabars. Science, 1978, 200 (9): 1145 - 1147.

[16] Mao H K, Bell P M. Design of a diamond-windowed, high-pressure cell for hydrostatic pressures in the range 1bar to 0. 5Mbar. Carnegie Institution of Washington Year Book, 1975, 74: 402 - 405.

[17] Bassett W A, Takahashi T, Stook P W. X-ray diffraction and optical observations on crystalline solids up to 300kbar. Review of Scientific Instruments, 1967, 38 (1): 37 - 42.

[18] Mao H K, Bell P M, Dunn K J, et al. Absolute pressure measurements and analysis of diamonds subjected to maximum static pressures of 1. 3 ~ 1. 7Mbar. Review of Scientific Instruments, 1979, 50 (8): 1002 - 1009.

[19] Piermarini G J, Block S. Ultrahigh pressure diamond-anvil cell and several semiconductor phase transition pressures in relation to the fixed point pressure scale. Review of Scientific Instruments, 1975, 46: 973 - 979.

[20] Allan D R, Miletich R, Angel R J. A diamond-anvil cell for single-crystal X-ray diffraction studies to pressures in excess of 10GPa. Review of Scientific Instruments, 1996, 67 (3): 840 - 842.

[21] Kenichi T, Sahu P C, Yoshiyasu K, et al. Versatile gas-loading system for diamond-anvil cells. Review of Scientific Instruments, 2001, 72 (10): 3873 - 3876.

[22] Moggach S A, Allan D R, Parsons S, et al. Incorporation of a new design of backing seat and anvil in a Merrill-Bassett diamond anvil cell. Journal of Applied Crystallography, 2008, 41: 249 - 251.

[23] Evans W J, Yoo C S, Lee G W, et al. Dynamic diamond anvil cell (dDAC): a novel device for studying the dynamic-pressure properties of materials. Review of Scientific Instruments, 2007, 78: 073904.

[24] Kantor I, Prakapenka V, Kantor A, et al. BX90: A new diamond anvil cell design for X-ray diffraction and optical measurements. Review of Scientific Instruments, 2012, 83 (12): 125102.

[25] Ma Y Z, Levitas V I, Hashemi J. X-ray diffraction measurements in a rotational diamond

anvil cell. Journal of Physics and Chemistry of Solids, 2006, 67: 2083 - 2090.

[26] Hemley R J, Mao H K. New windows on earth and planetary interiors. Mineralogical Magazine, 2002, 66 (5): 791 - 811.

[27] Jayaraman A. Ultrahigh pressures. Review of Scientific Instruments. 1986, 57 (6): 1013 - 1031.

[28] 谢鸿森. 地球深部物质科学导论. 北京：科学出版社, 1997: 25 - 27.

[29] 杜建国, 李营, 王传远, 等. 高压地球科学. 北京：地震出版社, 2010: 1 - 7.

[30] 郑海飞. 金刚石压腔高温高压实验技术及其应用. 北京：科学出版社, 2014: 4 - 16.

[31] Boehler R, Hantsetters K D. New anvil designs in diamond-cells. High Pressure Res., 2004, 24 (3): 391 - 396.

[32] Mao H K, Bell P M. High-pressure physics: the 1-megabar mark on the ruby R1 static pressure scale. Science, 1976, 191: 851 - 852.

[33] 徐济安, 胡静竹. 金刚石砧高压技术. 物理, 1982, 11 (2): 82 - 86.

[34] Piermarini G J, Block S, Barnett J D. Hydrostatic limits in liquids and solids to 100 kbar. Journal of Applied Physics, 1973, 44 (12): 5377 - 5382.

[35] Besson J M, Pinceaux J P. Uniform stress conditions in the diamond anvil cell at 200kilobars. Review of Scientific Instruments, 1979, 50 (5): 541 - 543.

[36] Fujishiro I, Piermarini G J, Block S, et al. Viscosities and glass transition pressure in the methanol-ethanol-water system. Proceedings of the 8th AIRAPT Conference (High Pressure Research in Research and Industry), 1982, 2: 608 - 611.

[37] Bell P M, Mao H K. Degree of hydrostaticity in He, Ne, and Ar pressure-transmitting media. Carnegie Institution of Washington Year Book, 1981, 80: 404 - 406.

[38] Dewaele A, Loubeyre P. Pressurizing conditions in helium-pressure-transmitting medium. High Pressure Res., 2007, 27 (4): 419 - 429.

[39] Kenichi T. Evaluation of the hydrostaticity of a helium-pressure medium with powder X-ray diffraction techniques. Journal of Applied Physics, 2006, 89 (1): 662 - 668.

[40] Shen Y Y, Kumar R S, Pravica M, et al. Characteristics of silicone fluid as a pressure transmitting medium in diamond anvil cells. Review of Scientific Instruments, 2004, 75 (11): 4450 - 4454.

[41] Sundqvist B. Comment on "Characteristics of silicone fluid as a pressure transmitting medium in diamond anvil cells. Review of Scientific Instruments" [Rev. Sci. Instrum. 75, 4450 (2004)]. Review of Scientific Instruments, 2005, 76: 057101.

[42] Angel R J, Bujak M, Zhao J, et al. Effective hydrostatic limits of pressure media for high-pressure crystallographic studies. Journal of Applied Crystallography, 2006, 40: 26 - 32.

[43] Decker D L. Equation of state of NaCl and its use as a pressure gauge in high-pressure research. Journal of Applied Physics, 1965, 36 (1): 157 - 161.

[44] Decker D L. High-pressure equation of state for NaCl, KCl, and CsCl. Journal of Applied Physics, 1971, 42 (8): 3239 - 3244.

[45] Bassett W A, Takahashi T, Mao H K, et al. Pressure-induced phase transformation in NaCl. Journal of Applied Physics, 1968, 39 (1): 319 – 325.

[46] Birch F. Equation of state and thermodynamic parameters of NaCl to 300kbar in the high-temperature domain. Journal of Geophysics Research, 1986, 91 (B5): 4949 – 4954.

[47] Gschneidner K A. Physical properties and interrelationships of metallic and semimetallic elements. Solid State Physics, 1964, 16: 275 – 426.

[48] Lloyd E C. Accurate Characterization of the High-Pressure Environment. Washington: NBS Special Publication, 1971: 147 – 158.

[49] Carter W J, Marsh S P, Fritz J N, et al. The equation of state of selected materials for high pressure reference. National Bureau of Standards (U. S.) Special Publication, 1971, 326: 147 – 158.

[50] Ming L C, Manghnani M H. Gold as a reliable internal pressure calibrant at high temperature. Journal of Applied Physics, 1983, 54 (18): 4390 – 4397.

[51] Asay J R, Graham R A, Straub G K. Shock Waves in Condensed Matter 1983. Amsterdam: Elsevier Science Publishers, 1984: 57 – 60.

[52] Manghnani M H, Ming L C. Use of internal pressure calibrants *in situ* in X-Ray diffraction measurements at high pressure and temperature: review and recent results. High Temperature-High Pressure, 1984, 16: 563 – 571.

[53] Heinz D L, Jeanloz R. The equation of state of the gold calibration standard. Journal of Applied Physics, 1984, 55 (4): 885 – 893.

[54] Holmes N C, Moriarty J A, Gathers G R, et al. The equation of state of platinum to 660GPa (6. 6 Mbar). Journal of Applied Physics, 1989, 66 (7): 2962 – 2967.

[55] Anderson O L, Isaak D G, Yamamoto S. Anharmonicity and the equation of state for gold. Journal of Applied Physics, 1989, 65 (4): 1534 – 1543.

[56] Hixson R S, Fritz J N. Shock compression of tungsten and molybdenum. Journal of Applied Physics, 1992, 71 (4): 1721 – 1728.

[57] Zha C S, Mao H K, Hemley R J. Elasticity of MgO and a primary pressure scale to 55GPa. Proceedings of the National Academy of Science, 2000, 5: 13494 – 13499.

[58] Speziale S, Zha C S, Duffy T S, et al. Quasi-hydrostatic compression of magnesium oxide to 52GPa: implications for the pressure-volume-temperature equation of state. Journal of Geophysics Research, 2001, 106 (B1): 515 – 528.

[59] Holzapfel W B, Hartwig M, Sievers W. Equations of state for Cu, Ag, and Au for wide ranges in temperature and pressure up to 500GPa and above. Journal of Physical and Chemical Reference Data, 2001, 30 (2): 515 – 529.

[60] Yokoo M, Kawai N, Nakamura K G, et al. Ultrahigh-pressure scales for gold and platinum at pressures up to 550GPa. Physical Review B, 2009, 80 (10): 104114.

[61] Dubrovinsky L, Dubrovinskaia N, Prakapenka V B, et al. Implementation of micro-ball

nanodiamond anvils for high-pressure studies above 6Mbar. Nature Communications，2012，3：1163.

[62] Syassen K. Ruby under pressure. High Pressure Res. ，2008，28 (2)：75 - 126.

[63] Forman R A, Piermarini G J, Barnett J D, et al. Pressure measurement made by the utilization of ruby sharp-line luminescence. Science，1972，176：284 - 285.

[64] 徐济安，赵敏光. 红宝石萤光 R_1 线高压红移的理论解释. 中国科学，1980，10 (12)：1160 - 1164.

[65] 徐济安，毛河光，Bell P M. 百万大气压下的压强校准及 5.5Mbar 静压强的获得. 物理学报，1987，36 (4)：501 - 509.

[66] Piermarini G J, Block S, Barnett J D, et al. Calibration of the pressure dependence of the R_1 ruby fluorescence line to 195kbar. Journal of Applied Physics，1975，46 (6)：2774 - 2780.

[67] Mao H K, Bell P M. Static experiments to determine the volume equation of state of four metals (Cu, Mo, Pd, and Ag) and calibration of the ruby R_1 pressure scale. Carnegie Institution of Washington Year Book，1977，76：650 - 654.

[68] Mao H K, Bell P M. Specific volume measurements of Cu, Mo, Pd, and Ag and calibration of the ruby R_1 fluorescence pressure gauge from 0.06 to 1Mbar. Journal of Applied Physics，1978，49 (6)：3276 - 3283.

[69] Mao H K, Xu J, Bell P M. Calibration of ruby pressure gauge to 800kbar under quasi-hydrostatic conditions. Journal of Geophysics Research，1986，91 (B5)：4673 - 4676.

[70] Xu J A, Mao H K, Bell P M. High-pressure ruby and diamond fluorescence：observations at 0.21 to 0.55 terapascal. Science，1986，232：1404 - 1406.

[71] Vohra Y K, Duclos S J, Brister K E, et al. Static pressure of 255GPa (2.55Mbar) by X-ray diffraction：comparison with extrapolation of the ruby pressure scale. Physical Review Letters，1988，61 (5)：574 - 577.

[72] Schmidt S C, Schiferl D, Zinn A S, et al. Calibration of the nitrogen vibron pressure scale for use at high temperatures and pressures. Journal of Applied Physics，1991，49 (5)：2793 - 2799.

[73] Hess N J, Schiferl D. Comparison of the pressure-induced frequency shift of Sm：YAG to the ruby and nitrogen vibron pressure scales from 6 to 820K and 0 to 25GPa and suggestions for use as a high-temperature pressure calibrant. Journal of Applied Physics，1992，71 (5)：2082 - 2086.

[74] Jahren A H, Kruger M B, Jeanloz R. Alexandrite as a high-temperature pressure calibrant, and implications for the ruby-fluorescence scale. Journal of Applied Physics，1992，71 (4)：1579 - 1582.

[75] Zhao Y C, Barvosa-Carter W, Theisss S D, et al. Pressure measurement at high temperature using ten Sm：YAG fluorescence peaks. Journal of Applied Physics，1998，84 (8)：

4049 – 4059.

[76] Zha C S, Bassett W A. Internal resistive heating in diamond anvil cell for *in situ* X-ray diffraction and Raman scattering. Review of Scientific Instruments, 2003, 74 (3)：1255 – 1262.

[77] Mao H K, Hemley R J. The high-pressure dimension in earth and planetary science. Proceedings of the National Academy of Science, 2007, 104 (22)：9114 – 9115.

[78] Ming L C, Manghnani M H, Balogh J. Resistive heating in the diamond-anvil cell under vacuum conditions. High-Pressure Research in Mineral Physics, 1987, 39：69 – 74.

[79] Fei Y, Mao H M. *In situ* determination of the NiAs phase of FeO at high pressure and high temperature. Science, 2004, 266：1678 – 1680.

[80] Dyar M D, McCammon C, Schacfer M W. Mineral Spectroscopy：A Tribute to Roger G. Burns. Houston：Geochemical Society, 1996：243 – 254.

[81] Dubrovinskaia N, Dubrovinsky L. Whole-cell heater for the diamond anvil cell. Review of Scientific Instruments, 2003, 74 (7)：3433 – 3437.

[82] Ming L C, Bassett W A. Laser heating in the diamond anvil press up to 2000℃ sustained and 3000℃ pulsed at pressure up to 260 kilobars. Review of Scientific Instruments, 1974, 45 (9)：1115 – 1118.

[83] Adams D M, Christy A G. High-temperature diamond anvil pressure cells：a review. High Temperatures-High Pressures, 1992, 24：1 – 11.

[84] Bodea S, Jeanloz R. Model calculations of the temperature distribution in the laser-heated diamond cell. Journal of Applied Physics, 1989, 65 (11)：4688 – 4692.

[85] Shen G Y, Rivers M L, Wang Y B, et al. Laser heated diamond cell system at the advanced photon source for *in situ* X-ray measurements at high pressure and temperature. Review of Scientific Instruments, 2001, 72 (2)：1273 – 1282.

[86] 母国光，战元令. 光学. 北京：人民教育出版社, 1987：564 – 582.

[87] 张三慧. 大学物理学：热学、光学、量子物理.3 版. 北京：清华大学出版社, 2000：303 – 306.

[88] Mao H K, Hemley R J. Energy dispersive X-ray diffraction of micro-crystals at ultrahigh pressures. High Pressure Research , 1996, 14 (4 – 6)：257 – 267.

[89] Mao H K, Shu J F, Shen G Y, et al. Elasticity and rheology of iron above 220GPa and the nature of the earth's inner core. Nature, 1998, 396：741 – 743.

[90] Singh A K, Balasingh C. Analysis of lattice strains measured under nonhydrostatic pressure. Journal of Applied Physics, 1998, 83 (12)：7567 – 7575.

[91] 马礼敦，杨福家. 同步辐射应用概论. 上海：复旦大学出版社.2001.

[92] Mao H K, Hemley R J. New windows on the earth's deep interior. Reviews in Mineralogy and Geochemistry, 1998, 37 (1)：1 – 32.

[93] Yang W G, Huang X J, Harder R, et al. Coherent diffraction imaging of nanoscale strain evolution in a single crystal under high pressure. Nature Communications, 2013, 4：1680.

［94］ Hemley R J，Bell P M，Mao H K. Laser techniques in high-pressure geophysics. Science，1987，237：605 – 612.

［95］ Mao H K，Bell P M，Hemley R J. Ultrahigh pressures：optical observations and Raman measurements of hydrogen and deuterium to 1.47Mbar. Physical Review Letters，1985，55（1）：99 – 102.

［96］ Merkel S，Goncharov A F，Mao H K，et al. Raman spectroscopy of iron to 152 gigapascals：implications for earth's inner core. Science，2000，288：1626 – 1629.

［97］ 徐启华. 电阻测量与非电量测. 西安：陕西科学技术出版社. 1981：242 – 256.

［98］ Weir S T，Akella J，Aracne-Ruddle C. Epitaxial diamond encapsulation of metal microprobes for high pressure experiments. Applied Physics Letters，2000，77（21）：3400 – 3402.

［99］ Gao C X，Han Y H，Ma Y Z，et al. Accurate measurements of high pressure resistivity in a diamond anvil cell. Review of Scientific Instruments，2005，76（8）：083912.

［100］ Li M，Gao C X，Ma Y Z，et al. New diamond anvil cell system for *in situ* resistance measurement under extreme conditions. Review of Scientific Instruments，2006，77（12）：123902.

［101］ Xu J A，Yen J，Wang Y B，et al. Ultrahigh pressures in gem anvil cells. High Pressure Research，1995，15：127 – 134.

［102］ Xu J A，Mao H K. Moissanite：a window for high-pressure experiments. Science，2000，290：783 – 785.

［103］ Xu J A，Yeh H W，Yen J，et al. Raman study of D_2O at high pressures in a cubic zirconia anvil cell. Journal of Raman Spectroscopy，1996，27：823 – 827.

［104］ Xu J A，Mao H K，Hemley R J. The gem anvil cell：high-pressure behaviour of diamond and related materials. Journal of Physics：Condensed Matter，2002，14：11549 – 11552.

［105］ Xu J A，Mao H K，Hemley R J. Large volume high-pressure cell with supported moissanite anvils. Review of Scientific Instruments，2004，75（4）：1034 – 1038.

第 4 章
高压下物质的相变与化学反应

4.1 高 压 相 变

4.1.1 相变及其热力学关系[1-3]

物质体系中物理性质完全相同，具有一定分界面的均匀部分称为相。由同一种化学成分的物质构成的多相体系称为单元复相系；由多种不同物质构成的体系称为多元系，多元系可以是单相的（如气体），也可以是多相的。

物质的相可大致分为固体、液体、气体三类。任何气体或气体混合物只有一个相，液体通常也只有一个相，但某些液体也有不同的相，如在极低温下液氦分为正常液氦和超流液氦两相。固体通常存在不同的晶体相或非晶体相。

不同相之间的转变称为相变。

单元体系各相分别在不同的压力温度条件下处于稳定，可在压力温度二维图（P-T 图）上表示出来，称为相图。在图中一定区域所对应的条件范围内，某一相处于热力学稳定状态，这个区域称为该相的稳定区。在两个相邻区域的分界线上，两相都处于稳定，即两相平衡，这种分界曲线称为相平衡线。

根据热力学第二定律，单元系相的平衡条件有三种等价的热力学判据（熵判据、自由能判据、吉布斯函数判据）。其中吉布斯函数判据表述为："系统在温度和压力不变的情况下，对于各种可能的变动，平衡态的吉布斯函数最小。"

吉布斯函数：$G=U-TS+pV$（U、T、S、p、V 分别表示内能、温度、熵、压强和体积）。1mol 物质的吉布斯函数叫作化学势，$\mu=u-Ts+pv=h-Ts$，其中焓：$h=u+pv$，小写均表示每摩尔相对应的函数。根据吉布斯函数判据可以导出单元二相系的平衡条件为：两相化学势相等，$\mu_2=\mu_1$。

在此基础上，克劳修斯与克拉珀龙得出相平衡线的斜率应满足的条件为

$$\frac{\mathrm{d}p}{\mathrm{d}T}=\frac{\Delta h}{T\Delta v}=\frac{\Delta s}{\Delta v}$$

式中，Δh、Δv、Δs 分别表示两相间焓、体积、熵之差。$\Delta h/T$ 就是相变潜热。这就是著名的克劳修斯-克拉珀龙方程（Clausius-Clapeyron 方程），又称克拉珀龙方程。

这样，只要知道不同压力下的 Δh、Δs、Δv，我们就可以根据常压下的相平衡点作出相平衡线。但是，高压下这些数据难以直接测量，因此要这样得出相平衡线是不现实的。不过如果高压相可以在常压下回收，则可以通过常压下的热化学实验方法（如测定溶解热的差等）来求出 Δh 等数据，从而确定其相平衡线。反之，如果通过实验先确定相平衡线，我们就可以通过常压的热力学数据来推出高压的数据（标准热焓、熵等）。

根据热力学关系，相变可分为一级相变和二级相变。相变过程中，物质的化学势不变，而化学势的一级偏微商所代表的性质发生突变，即

$$\mu_2=\mu_1,\qquad \frac{\partial\mu_2}{\partial p}\neq\frac{\partial\mu_1}{\partial p}:(v_2\neq v_1),\qquad \frac{\partial\mu_2}{\partial T}\neq\frac{\partial\mu_1}{\partial T}:(s_2\neq s_1)$$

这类相变称为一级（或第一类）相变。一级相变伴随有比容（体积）突变和相变潜热。这类相变的平衡性质由克拉珀龙方程表示。

相变过程中，物质的化学势不变，且化学势的一级偏微商所代表的性质也不变（没有比容突变和潜热），即

$$\mu_2=\mu_1,\qquad \frac{\partial\mu_2}{\partial p}=\frac{\partial\mu_1}{\partial p}:(v_2=v_1),\qquad \frac{\partial\mu_2}{\partial T}=\frac{\partial\mu_1}{\partial T}:(s_2=s_1)$$

但其化学势的二级偏微商代表的性质发生突变，

$$\frac{\partial^2\mu_2}{\partial T\partial p}\neq\frac{\partial^2\mu_1}{\partial T\partial p}:（膨胀系数 \alpha_2\neq\alpha_1）$$

$$\frac{\partial^2\mu_2}{\partial p^2}\neq\frac{\partial^2\mu_1}{\partial p^2}:（压缩系数 k_2\neq k_1）$$

$$\frac{\partial^2 \mu_2}{\partial T^2} \neq \frac{\partial^2 \mu_1}{\partial T^2} : (比热容\ c_{p2} \neq c_{p1})$$

这类相变称为二级（或第二类）相变。例如，居里温度下铁磁体和顺磁体之间的转变；He I -He II （正常液氦与超流液氦之间的转变）、普通金属-超导金属的转变等。

4.1.2 高压相变的类型[4]

压力可引起气液相变及液固相变等，在较高压力下，大多数物质会变为固态，且普遍存在固固相变。压力引起的固固相变有多种类型。固体在高压下发生的一级相变大多伴有晶体结构的转变，这种转变可解释为：压力迫使原子按照更加紧密的方式排列，称为"结构相变"。但也有某些伴有体积减小的相变并没有晶体结构的改变，这种情况可被解释为：压力引起原子内部的电子状态发生变化，称为"电子相变"。

伴有晶体结构改变的高压相变还可进一步分为两类：①晶体结构改变且原子或离子的配位数增加；②原子或离子的积层方式改变但配位数不变。对单一元素而言，若把原子或离子看成同样大的钢球填满空间，原子或离子的体积占晶体体积的比例与配位数和晶体结构的关系为

面心立方、密排立方，配位数 12，体积占比 74%

体心立方，配位数 8，体积占比 68%

简单立方，配位数 6，体积占比 52%

立方金刚石，配位数 4，体积占比 34%

对地球中大量存在的硅酸盐离子晶体，离子半径并不是一致的，其结构可以看成是由半径较大的氧离子构成的一种框架，半径较小的正离子（如 Mg^{2+}、Fe^{2+}、Al^{3+}、Si^{4+} 等）填充在空隙中。这种情况下，决定晶体填充度的首先是半径较大的负离子的粗排列，然后是正离子周围的负离子配位数。这种配位数与正负离子半径比 r_1/r_2 密切相关。采用钢球近似，当 $r_1/r_2 = 0.225 \sim 0.414$ 时，配位数为 4；当 $r_1/r_2 = 0.414 \sim 0.732$ 时，配位数为 6。一般说来，半径大的负离子的压缩率比半径小的正离子要大，因此，高压下 r_1/r_2 会增加，正离子的配位数也就会增加。因此硅酸盐在高压下首先是氧原子要尽可能排列紧密，而常压下多为 4 配位的 Al^{3+}、Si^{4+} 等正离子的配位数往往增加到 6。表 4-1 给出压力引起的晶体相变分类和某些实例。

表 4-1　压力引起的晶体相变分类和某些实例[4]

晶体结构变化型		电子状态变化型
配位数增加	配位数不变	
石墨结构（3）-金刚石结构（4） C	面心立方-密排六方（12） Fe（γ）—Fe（ε）	电子轨道改变 s-d：Cs，Rb； f-d：Ce
体心立方（8）-密排六方（12） Fe（α）—Fe（ε）	石英结构-柯石英结构（4） SiO_2	高自旋-低自旋 Co_2O_3
石英结构（4）-红金石结构（6） SiO_2、GeO_2	钛铁矿结构-刚玉结构（6，6） $MnTiO_3$、$FeTiO_3$	金属化转变 H_2
红金石结构（6）-萤石结构（8） SiO_2、PbO_2	橄榄石结构-（变型）尖晶石结构 —尖晶石结构（6，4） Mg_2SiO_4、Fe_2SiO_4、	
辉石结构（6，4）-钛铁矿结构（6，6） $MgSiO_3$、$ZnSiO_3$	Co_2SiO_4、Ni_2SiO_4	
辉石结构（6，4）-石榴石结构（8，6，4） $MnSiO_3$		
钛铁矿结构（6，6）-钙钛矿结构（8，6） $MgSiO_3$		

注：括号中的数字代表原子或阳离子的配位数。

表 4-1 只包含了压力引起的固固相变中晶体相变的类型。此外，高压引起的固固相变中还有晶态-非晶态相变、非晶态-非晶态相变等多种类型[5-8]。

4.1.3　高压相图

1）单元系的高压相图

如前所述，单元系各相平衡的条件可在压力-温度二维图（$P-T$ 图）上表示出来，在图中某一区域所对应的条件范围内某一相处于稳定，在两个区域的边界上，两相平衡，化学势相等，这种边界曲线称为相平衡线，这就是单元系的相图。在单元系相图中压力是相图的一个维度，因此，能方便地展示不同压力下各相平衡的条件。

随着高压实验技术的进展，人们对各种单质和化合物的单元体系在高压下的相变条件进行了大量的实验研究，得出这些物质各相间平衡的条件，总结为一系列的相图，并分类汇总成册[9-12]，方便研究者和工程技术人员使用。作为例子，图 4-1 和图 4-2 分别是单质金属铋和化合物水的相图。

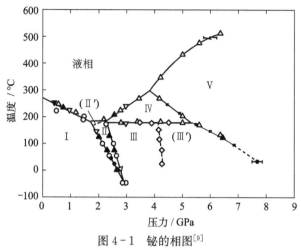

图 4-1 铋的相图[9]

图中三角形或圆圈等符号代表不同实验的数据

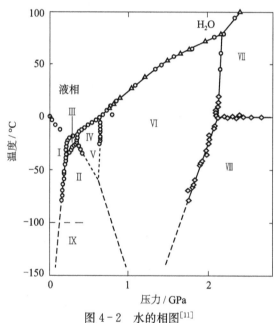

图 4-2 水的相图[11]

图中三角形或圆圈等符号代表不同实验的数据

2）高压下的多元相图

复相平衡理论是以吉布斯（Gibbs）提出的相律为基础的。相律可以表述为：一个复相系在平衡时的自由度等于独立组元数减去相数再加 2，用公式表达为 $f = c + 2 - p$（f 为自由度数，c 为组分数，p 为相数）[2,3]。

如果一个体系中包含几种化学成分不同的物质，那么这种体系就叫作多元系，其中每种物质称为一个组元。根据吉布斯的相律，二元体系的最大自由度为 3，其中每一个相都需要三个强度量参数来描述它的平衡态，如温度 T、压力 p、某一种组元的相对含量 X（常用质量分数），其中 $0<X<1$，另一组元含量为 $1-X$。用几何图形表示，就需三维坐标系。在这样的三维空间中，每一个点代表一个确定的平衡态。二元体系以各种不同的相存在，各相的平衡态处在一定的相区；各相区以一定的曲面分界；分界面上的点为两相共存的平衡态，分界面即相平衡曲面；两曲面的交线为三相共存平衡线；曲线的交点为四相点。

实用上三维图形不太方便，因此，常采用固定其中一个参数（如 T、p 或 X），而让其他两个变量作为直角坐标系，在二维平面图形上表示出各相平衡条件。这样得出的相平衡曲线，相当于在上述三维相图中某个垂直于第三个变量坐标轴的平面与相平衡曲面的相交线。通常的二元相图就是用这样的图形来表示的，这种相图上必须标注出第三个变量的固定值。目前为止，这类二元相图大多是使压力固定，而采用温度 T 和组分 X 作为平面直角坐标系的两个轴。

这种二元相图又可按照其二元体系是否形成无限固溶体，是否存在多种固体相，是否存在中间化合物，以及熔点随成分变化的曲线是否单调上升或下降，是否存在最大值或最小值等特征，分为不同的基本类型。相关知识可参看有关教科书和参考书[2,3,13]。作为例子，图 4-3 给出了金属镍和碳体系在 5.4GPa 高压下的二元相图。这种相图的实际应用将在 5.1.3 节中进一步讲解。

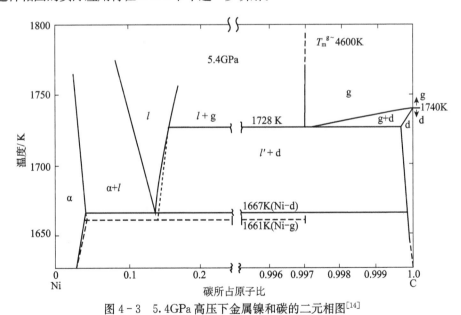

图 4-3　5.4GPa 高压下金属镍和碳的二元相图[14]

　　三元体系的相图可以类推。根据相律，三元体系最大自由度为 4，其平衡态需要四个强度量参数来描述，如除了 T、p 以外，还有 X_1 和 X_2（三个组元中任意两个的含量）。这种体系的相图必须在四维空间中才能完整表现，若固定其中一个参数在三维空间中表达，那便是等压、等温或等某组分的前提下的相图，相当于四维相图的某个三维截面图。

　　在实际工作中，三元体系相图也常采用二维平面图来表达。在平面上作三元体系相图一般有两类方法：第一类方法是固定其中两个参数，如等温等压图、等组成等压图等。另一类方法是作投影图，把空间状态图中的点、线、面等按正交投影法投影在某个基面上，以尽量表达平面外参数的信息。例如，以体系的组成面为基面，将温度和压力的信息投影在上面等。这两类方法通常都是以正三角形来表示平面上的三个变量，作图的详细规则和标识意义可参考有关教科书和参考书[2,3,13]。作为例子，图 4-4 给出了铁-镍-碳体系在 5.7GPa 高压和 1400℃高温条件下的三元相图。

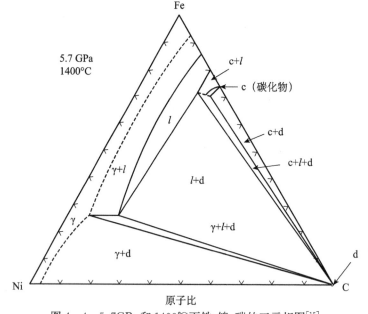

图 4-4　5.7GPa 和 1400℃下铁-镍-碳的三元相图[15]

　　尽管上述方法原理上都是严格的，也是可行的，但多元系相图往往将压力作为固定参数，这就使相图难以直观地显示出体系状态受压力影响的变化，对研究高压下体系状态的变化趋势和规律仍然不太方便。

　　随着计算机技术的发展，多元体系相图的完整表现方法应该不成问题。如何根据目前人类取得的实验数据，整理出各种多元体系的完整相图，且使之更便于研究者与工程技术人员搜索和使用，可能尚需做一些实际的工作。

4.2　高压下的化学反应

4.2.1　化学反应的一般规则[16-18]

对于一般的化学反应：
$$aA+bB+\cdots=mM+nN+\cdots$$

在一定温度 T 和压力 p 下，反应平衡（即正反应与逆反应平衡）的条件为
$$\sum v_i\mu_i=0$$

其中，v_i 是成分 i 的摩尔数；μ_i 是成分 i 的化学势。也可以表示为 $\Delta G_T^r = 0$；即反应前后吉布斯自由能 G 的变化 ΔG_T^r（反应自由焓）为 0。

以上基本规律在不同体系（如气相反应、液相反应、溶液平衡、固相反应等）中有各自的表达形式。

一种反应进行的方向及其难易程度，是根据反应前后吉布斯自由能 G 的变化 ΔG_T^r（反应自由焓）来决定的。反应总是向 G 降低的方向进行，降低得越多，反应越容易进行，生产物也就越稳定。

在一个大气压下反应自由焓可以用自由焓函数法来确定，计算公式为
$$\Delta G_T^0 = \Delta H_{298}^0 - T\Delta\phi_T^{'}$$

其中，ΔG_T^0 为反应自由焓；ΔH_{298}^0 为物质在常温常压下的摩尔标准生成热；$\phi_T^{'}$ 是自由焓函数：
$$\Delta\phi_T^{'} = \sum\phi_{T\text{生成物}}^{'} - \sum\phi_{T\text{反应物}}^{'}$$

通常可从热力学数据表上查到各种已知物质（反应物和生成物）的自由焓函数 $\phi_T^{'}$ 和 ΔH_{298}^0，在此基础上便可估计出反应的可能性，并设计实验的出发物质体系。但以上数据和公式只是在常温和常压下适用。

高压下体系的 G 还需要加一个修正项：
$$G_T^r = G_T^0 + \int_0^p V\mathrm{d}p$$

其中，G_T^r 是一摩尔物质在压力 p 下的吉布斯自由能；G_T^0 是一摩尔物质在标准大气压下的吉布斯自由能，V 是摩尔体积。原理上只要知道了 V 和 p 的关系（状态方程）就可以求出修正项的积分，但这样的关系需要许多高压实验的积累。对于硬度较高的固体物质，在不太高的压力范围内，V 随 p 变化很小，可

以近似地将体积视为一个常数，以对反应的可能性或趋势进行估计。

热力学只涉及过程的始态和终态，只解决反应的可能性问题，并不涉及反应机理，也无法回答反应速度问题。反应进行的具体途径和变化速度还需要用化学动力学，涉及与其他因素（如浓度、温度等）的关系。

4.2.2　高压化学反应的例子

很早以来，在化工和地学领域已开展了许多高压相变和高压化学反应的研究[19]

例如，氨的合成。1901 年 Le Chatelier 指出用氢和氮合成氨的反应（$3H_2 + N_2 \Longrightarrow 2NH_3$）是分子数减少的过程，通过加压可以提高生成物的产量，但当时的实验由于爆炸事故而中断。1907 年，Nernst 进一步用实验证实这种效果。后又经过 Haber、Bosch 等的努力，于 1913 年在高压下实现了合成氨的工业化生产。

1923 年，通过高压下的化学反应（$CO + 2H_2 \Longrightarrow CH_3OH$）成功地合成出甲醇，当时的实验条件例为 30MPa、400℃、加催化剂。德国化学家 Fischer 和 Tropsch 等在合成液态烃和碳氢化合物方面做出很大贡献。

1933 年，Fawcett 与 Gibson 在高压下进行聚合反应实验，也经历了爆炸事故，最终成功实现了聚乙烯的工业化生产，即最初的人工塑料，当时所用压力高达 200MPa。

19 世纪下半叶以来，在工业发展的带动下，科学家们还开展了高压合成无机材料的研究，以期弥补天然矿物在产量和质量均匀性等方面的不足。比如围绕人工合成水晶、云母、石棉、红宝石等，曾探索过各种各样的方法，相关的实验研究非常活跃。

1955 年，美国 General Electric 公司宣布高压合成金刚石，合成条件是在当时认为的相当高的压力和温度下采用金属溶媒，条件达到金刚石热力学稳定区，并在金属熔点以上，使石墨在溶媒作用下转变为金刚石[20,21]。与此同时，他们在大压机实验技术方面的开发也推动了此后高压科学的发展。

另外，地球科学家则以弄清岩石和矿床的成因以及地球内部结构和演变等问题为目的，从 20 世纪初以来，已经开展了大量的合成矿物实验[22,23]。包括模拟地球内部的高温高压环境，再现水及二氧化碳等存在的高压条件等。合成出许多过去在常压下难以合成的矿物，如石榴石、橄榄石、辉石、沸石、翡翠、红柱石、蓝晶石、黄玉、绿帘石、十字石等。以至于目前几乎所有天然矿物都能在实验室中合成出来。

不仅如此,高压实验还发现一些过去并不了解的矿物新相,如六方晶金刚石、柯石英、超石英等,这些新相后来陆续被确认存在于地球中。此外,高压实验还合成出一些已知天然矿物以外的材料,如用 Ge 替代硅酸盐矿物中的 Si,像这样将天然矿物中某一元素替换成其他元素形成新材料;还有像立方氮化硼(cBN)那样过去完全不知道的材料等。即使对于已知的矿物,高压合成还可以实现天然矿物所没有的极高纯度,以及通过某种成分的掺杂改变晶体的电性能等[22,23]。

1992 年以来,洪时明等曾发现碳化硅等几种碳化物在高温高压下通过触媒作用可以分解生成金刚石[24-28];还发现非化学定比碳化钛与金刚石之间通过固态化合反应能形成晶粒间直接结合的高耐热性烧结体[29];另外还发现水与石墨发生氧化还原反应可以生成金刚石[30]。1994 年,李伟等发现通过 Fe_3N 与 FeB 的复分解反应可以合成出 cBN[31],这是合成氮化物高压相的全新途径。受这种反应原理的启发,李良彬等曾探索过通过高压下碳化物和氮化物之间的复分解反应来合成氮化碳的高压相[32]。这些与合成超硬材料新途径相关的实验都是在大压机上完成的,压力在 $5.0 \sim 7.7\text{GPa}$ 范围[24-32],涉及的高压化学反应包括分解反应、化合反应、复分解反应、氧化还原反应等多种类型。近年来,雷力等采用高压固相复分解反应的方法,成功制备出 GaN、Re_3N、Fe_3N、CeOCl 等多种无机化合物[33-35]。

随着金刚石压腔技术的发展,特别是高压原位同步辐射分析手段的利用,科学家们发现更高压力下有许多奇异的化学反应现象,化学键性质发生明显改变,形成许多新材料。比如:在 200GPa 以上压力下,具有范德瓦耳斯键的惰性气体 Xe 以及具有离子键的碱金属卤化物 CsI 都转变成具有金属键的相似结构的晶体[36-40];惰性气体分子还可以在高压下形成化学定量的化合物:$He(N_2)_{11}$、$NeHe_2$、$Ar(H_2)_2$,具有确定的晶体结构[41-43];等比例的 H_2O 和 H_2 二元体系在高压下形成高密度的笼形化合物,其中的 H_2O 和 H_2 相互穿插且分别具有金刚石的晶体结构,这种新奇的结构可以稳定保持在 30GPa 以上[44];甲烷与氢的混合体系在高压下形成多种不同晶体结构的化合物[45]:$CH_4(H_2)_2$、$(CH_4)_2H_2$、$CH_4(H_2)_4$、CH_4H_2。近年来引人注目的发现还有:硫化氢(H_2S)在 150GPa 高压下转变为超导体,超导临界温度高达 203K[46],氢化镧($LaH_{10\pm x}$)在 $180 \sim 200\text{GPa}$ 高压下超导临界温度高达 260K[47],等等。上述这些发现对于行星科学、材料科学以及基础化学和物理学都具有重要意义。

当然,研究高压下的化学反应并不一定都需要太高压力。例如:在几百大气压下,超临界流体中高分子材料的降解也属于一类高压化学反应,对环保和能源开发都很有意义。洪时明等曾利用简单的高压反应釜调查了 PE 和 PP 等高分子材料在超临界水中的降解行为，实验压力在 26MPa，温度在 380～400℃ 范围[48]。我们也曾使用活塞圆筒装置在 1GPa 压力下观察到 [C_n - mim][PF_6] 离子液体的异常转变行为[49]。另外，我们还在几百标准大气压的氮气中对植物种子进行处理，观察其对植物生长发育性状的影响[50,51]。尽管这些工作还比较粗浅，但已经可以感受到：高压对于高分子材料、离子液体、生物体基因的作用及其机理等方面，还有大量有趣的重要问题有待探索。

4.2.3　急冷法研究高压相变与化学反应

在不透明压砧的高压装置上，要采用在线光学分析或 X 射线分析直接研究相变或化学反应难度相对较大。相比之下，对于大压机而言，急冷法则是一种简单易行的方法，对大多数物质都行之有效。

所谓"急冷法"，是指将处于高温高压的样品在保持高压的情况下先急速降温，然后降压，再对回收到的样品在室温常压下进行分析表征[52]。高温高压下许多物质的固体相能在室温常压下作为亚稳相得以回收。例如，石墨在高压下转变为金刚石后可以在室温常压下作为亚稳相保持金刚石结构不变。而高压下某些物质的液相则可能在急冷过程中凝固为玻璃态，在常压下回收，带出液相的信息；即使液态凝固为晶体状态，由于其结晶条件或过程的不同，也会在回收样品中显示出不同特征。因此，只要对不同条件下回收到的样品做分析对比，包括利用晶相显微镜、电子显微镜、X 射线衍射等表征手段，即可合理地反推出高温高压下相变的条件、结构变化以及温度过程的影响等。这种方法被广泛应用于对硅酸盐等矿物的相变以及化学反应过程的研究，如 $MgSiO_3$（顽火辉石）融化线的测定等[53]。

值得强调的是：这种方法可以研究用差热分析难以显示的潜热很小的相变或化学反应，也适用于质量很小的样品。实际上，高压腔内常存在不可小视的压力梯度和温度梯度，因此，样品越小其结果越准确，这也是急冷法在分析相变和化学反应方面的优点。

参 考 文 献

[1] 雷树人，周志成，胡望雨，等. 常用物理概念精析. 北京：科学出版社，1994.

[2] 王竹溪. 热力学教程. 北京：人民教育出版社，1964.

[3] 熊吟涛. 热力学. 3 版. 北京：人民教育出版社，1979.

[4] 秋本俊一, 水谷仁. 地球の物質科学Ⅰ. 東京: 岩波書店, 1978: 185 - 191.

[5] Mishima O, Stanley H E. The relationship between liquid, supercooled and glassy water. Nature, 1998, 396: 329 - 335.

[6] Hemley R J, Jephcoat A P, Mao H K, et al. Pressure-induced amorphization of crystalline silica. Nature, 1988, 334: 52 - 54.

[7] Rastogi S, Mewman M, Keller A. Pressure-induced amorphization and disordering on cooling in a crystalline polymer. Nature, 1991, 353: 55 - 57.

[8] Liu H Z, Wang L, Xiao X, et al. Anomalous high-pressure behavior of amorphous selenium from synchrotron X-ray diffraction and microtomography. Proc. Nati. Acad. Sci. U. S. A. , 2008, 105 (36): 13229 - 13234.

[9] Cannon J F. Behavior of the elements at high pressure. Journal of Physical and Chemical Reference Data, 1974, 3 (3): 781 - 824.

[10] Merrill L. Behavior of the AB-type compounds at HPHT. Journal of Physical and Chemical Reference Data, 1977, 6 (4): 1205 - 1252.

[11] Merrill L. Behavior of the AB_2 type compounds at HPHT. Journal of Physical and Chemical Reference Data, 1982, 11 (4): 1005 - 1064.

[12] Tonkov E Y. High Pressure Phase Transformations, A Handbook (translated from the Russian, Moscow: Central Sci. Res. Inst. Eng. Tech. , 1988). Philadelphia, Paris, Montreux, Tokyo, Melbourne: Gordon and Breach Science Publishers, 1992.

[13] 顾菡珍, 叶于浦. 相平衡和相图基础. 北京: 北京大学出版社, 1991.

[14] Strong H M, Hanneman R E. Crystallization of diamond and graphite. J. Chem. Phys. , 1967, 46: 3668.

[15] Strong H M, Chrenko R M. Diamond growth rates and physical properties of laboratory-made diamond. J. Phys. Chem. , 1971, 75 (12): 1838 - 1843.

[16] Eyring H, Henderson D, Jost W. Physical Chemistry: An Advanced Treatise. New York, London: Academic Press, 1971.

[17] Barin I, Knacke O. Thermochemical Properties of Inorganic Substances. Berlin, Heidelberg: Springer-Verlag, 1973.

[18] 伏义路, 许澍谦, 邱联雄, 等. 化学热力学与统计热力学基础. 上海: 上海科技出版社, 1984: 115.

[19] 大杉治郎. 超高圧と化学. 東京: 学会出版センター, 1979: 1 - 8.

[20] Bundy F P, Hall H T, Strong H M, et al. Man-made diamonds. Nature, 1955, 176: 51 - 55.

[21] Bundy F P, Bovenkerk H P, Strong H M, et al. Diamond-graphite equilibrium line from growth and graphitization of diamond. J. Chem. Phys. , 1961, 35 (2): 383.

[22] 大杉治郎, 小野寺昭史, 原公彦他. 高圧実験技術とその応用. 東京: 丸善株式会社, 1969: 693 - 779.

[23] 谢鸿森. 地球深部物质科学导论. 北京：科学出版社，1997.

[24] Hong S M, Wakatsuki M. Diamond formation from the SiC-Co system under high pressure and high temperature. J. Mater. Sci. Lett. , 1993, 12: 283 – 285.

[25] Gou L, Hong S M, Gou Q Q. Investigation of the process of diamond formation from SiC under high pressure and high temperature. J. Mater. Sci. , 1995, 30: 5687 – 5690.

[26] 江锦春，李良彬，洪时明，等. 从碳化硅和铁体系合成金刚石. 高压物理学报，1997，11 (2): 159 – 164.

[27] 李良彬，江锦春，杨信道，等. 碳化钒作碳源合成金刚石. 高压物理学报，1998，12 (2): 141 – 144.

[28] Li L B, Jiang J C, Hong S M, et al. Diamond synthesis from a system of chromium-carbide and $Ni_{70}Mn_{25}Co_5$ alloy. Chinese Science Bulletin, 1998, 43 (24): 2063 – 2066.

[29] Hong S M, Akaishi M, Yamaoka S. High pressure synthesis of heat-resistant diamond composite using a diamond-$TiC_{0.6}$ powder mixture. J. Amer. Ceram. Soc. , 1999, 82 (9): 2497 – 2501.

[30] Hong S M, Akaishi M, Yamaoka S. Nucleation of diamond in the system of carbon and water under very high pressure and temperature. J. Crystal Growth, 1999, 200 (1 – 2): 326 – 328.

[31] Li W, Kagi H, Wakatsuki M. Formation of cubic boron nitride from a mixture of Fe_3N and FeB //Saito S, Fujimori N, Fukunaga O, et al. Advances in New Diamond Science and Technology. Kobe: Scientific Publishing Division of MYU, 1994: 555 – 558.

[32] Li L B, Hong S M, Jiang J C, et al. Reaction behavior of carbide and nitride in a metallic solvent under high pressure and high temperature //Manghnani M H, NellisW J, Nicol M F. Science & Technology of High Pressure (AIRAPT-17 Proc.), Honolulu: Universities Press, 2000, 2: 929 – 931.

[33] Lei L, He D W. Synthesis of GaN crystals through solid-state metathesis reaction under high pressure. Cryst. Grow. Des. , 2009, 9 (3): 1264 – 1266.

[34] Lei L, Yin W W, Jiang X D, et al. Synthetic route to metal nitrides: high-pressure solid-state metathesis reaction. Inorganic Chemistry, 2013, 52 (23): 13356 – 13362.

[35] Lei L, Zhang L. Recent advance in high-pressure solid-state metathesis reactions. Matter Radiat Extremes, 2018, 3 (3): 95 – 103.

[36] Geottel K A, Eggert J H, Silvera I F, et al. Optical evidence for the metallization of xenon at 132 (5) GPa. Phys. Rev. Lett. , 1989, 62: 665.

[37] Reichlin R, Brister K E, McMahan A K, et al. Evidence for the insulator-metal transition in Xenon from optical, X-Ray, and band-structure studies to 170GPa. Phys. Rev. Lett. , 1989, 62: 669.

[38] Mao H K, Hemley R J, Chen L C, et al. X-ray diffraction to 302 gigapascals: high-pressure crystal structure of Cesium Iodide. Science, 1989, 246: 649 – 651.

[39] Mao H K, Wu Y, Hemley R J, et al. High-pressure phase transition and equation of state of CsI. Phys. Rev. Lett., 1990, 64: 1749.

[40] Jephcoat A P, Mao H K, Finger L W, et al. Pressure-induced structural phase transitions in solid xenon. Phys. Rev. Lett., 1987, 59: 2670.

[41] Vos W L, Finger L W, Hemley R J, et al. A high-pressure van der Waals compound in solid nitrogen-helium mixtures. Nature, 1992, 358: 46 - 48.

[42] Loubeyre P, Jean-Louis M, LeToullec R, et al. High pressure measurements of the He-Ne binary phase diagram at 296K: Evidence for the stability of a stoichiometric Ne(He)$_2$ solid. Phys. Rev. Lett., 1993, 70: 178.

[43] Loubeyre P, LeToullec R, Pinceaux J P. Compression of Ar(H$_2$)$_2$ up to 175GPa: a new path for the dissociation of molecular hydrogen? Phys. Rev. Lett., 1994, 72: 1360.

[44] Vos W L, Finger L W, Hemley R J, et al. Novel H$_2$ - H$_2$O clathrates at high pressures. Phys. Rev. Lett., 1993, 71: 3150.

[45] Somayazulu M S, Finger L W, Hemley R J, et al. High-pressure compounds in methane-hydrogen mixtures. Science, 1996, 271: 1400 - 1402.

[46] Drozdov A P, Eremets M I, TroyanI A, et al. Conventional superconductivity at 203 Kelvin at high pressures in the sulfur hydride system. Nature, 2015, 525: 73 - 76.

[47] Somayazulu M, Ahart M, Mishra A K, et al. Evidence for superconductivity above 260 K in Lanthanum superhydride at megabar pressures. Phys. Rev. Lett., 2019, 122: 027001.

[48] Su L, Wu X H, Liu X R, et al. Effect of increasing course of temperature and pressure on polyprolylene degradation in supercritical water. Chin. J. Chem. Eng., 2007, 15 (5): 738 - 741.

[49] Su L, Li L B, Hu Y, et al. Phase transition of [Cn-mim] [PF$_6$] under high pressure up to 1.0GPa. J. Chem. Phys., 2009, 130 (18): 184503.

[50] 吴学华, 陈丽英, 苏磊, 等. 高压氮气处理微型番茄种子对其生长特性的影响. 高压物理学报, 2004, 18 (4): 379 - 384.

[51] 陈丽英, 吴学华, 刘秀茹, 等. 高压处理种子对提高长春花中长春碱含量的作用. 高压物理学报, 2006, 20 (2): 183 - 188.

[52] Kaufman L, Leyenaar A, Harvey J S. The effect of hydrostatic pressure on the fcc and bcc reactions in Iron-base alloys//Bundy F P, Hibbard W R, Jr, Strong H M. Progress Very High Pressure Res. New York: John Wiley & Sons, Inc., 1961: 90.

[53] Boyd F R, England J L, Davis B T C. Effects of pressure on the melting and polymorphism of enstatite, MgSiO$_3$. J. Geophys. Res., 1964, 69 (10): 2101 - 2109.

第 5 章
高压合成材料

通过高压相变或高压化学反应，可以使物质体系转变为常压下难以制备的具有某些特殊性能的材料。如第 4 章所述：高压下可以合成出各种矿物材料，以致达到比天然矿物更高的纯度，还能对其进行人为的元素替换或掺杂，改变材料的性质。此外，还可以在高压下合成出自然界中未曾发现的新材料。这些材料包括单晶、多晶聚结体、非晶体及聚合物等。本章主要以高压合成金刚石为实例，介绍高压合成材料的基本原理和方法。

5.1　高压合成金刚石的原理

金刚石作为性能优异的珍稀宝石很早就被人们研究。自从发现金刚石是由碳组成的，人们就开始探索用碳素原料来合成金刚石。经过近两百年的努力，一些当时被认为是成功的实验，后来被否定或被质疑；也有曾被否定过的实验后来被认为在原理上是合理的，从而在科学上是有意义的。地质学资料表明金刚石是在地球深部一定范围的高温高压条件下生成的，如何在实验室中实现那样的条件也是合成金刚石的关键问题。

5.1.1　热力学稳定相与亚稳相[1]

根据热力学第二定律，如果一个孤立系，其变动使它达到了熵值极大的状态，该体系就达到了平衡态。如果在孤立系变动的条件下，熵有几个可能的极大，则其中最大的极大相当于稳定平衡；其他较小的极大则相当于亚稳平衡。所谓亚稳平衡是这样一种平衡，对于无限小的变动是稳定的，对于有限大的变动是不稳定的。

对于单元复相系的平衡，有三种等价的热力学判据（熵判据、自由能判据、吉布斯函数判据）。其中吉布斯函数判据表述为："系统在温度和压力不变的情况下，对于各种可能的变动，平衡态的吉布斯函数最小。"静高压实验可以看成是等温过程，应用这种判据比较方便。

如第 4 章所述：吉布斯函数表示为 $G = U - TS + pV$；每摩尔物质的吉布斯函数即化学势，表示为 $\mu = \dfrac{G}{N} = u - Ts + pv = h - Ts$。

设 A 相的化学式为 $\mu^A(p, T)$；B 相的化学式为 $\mu^B(p, T)$，则两相的化学式之差为 $\Delta\mu(p, T) = \mu^A(p, T) - \mu^B(p, T)$。

根据吉布斯函数判据可知：

当 $\Delta\mu < 0$，即 $\mu^A(p, T) < \mu^B(p, T)$ 时，A 相稳定；

反之，当 $\Delta\mu > 0$ 时，B 相稳定；

当 $\Delta\mu = 0$，即 $\mu^A(p, T) = \mu^B(p, T)$ 时，A，B 两相平衡。

这种关系可以在 p-T-μ 三维图形中表示出来，如图 5-1 所示。

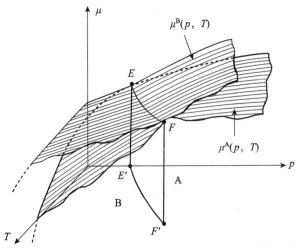

图 5-1　两相化学势与压力和温度的关系示意图

以金刚石和石墨为例，设金刚石为 A 相，石墨为 B 相，两相的化学势与温度压力的关系可以分别对应为图 5-1 中不同的两个曲面。这两个曲面的交线 EF 满足 $\Delta\mu = 0$；即在该交线对应的压力温度条件下，两相平衡；交线在 p-T 平面上的投影 $E'F'$ 就是二维相图中的相平衡线。在相平衡线的某一侧 $\Delta\mu < 0$，金刚石为稳定相，石墨为亚稳相，称为金刚石的热力学稳定区；在相平衡线的另一侧 $\Delta\mu > 0$，石墨为稳定相，金刚石为亚稳相，称为石墨的热力学稳定区。

1955 年，Berman 根据热力学原理，使用当时的实验数据，第一次推导出金刚石和石墨的相平衡线。其推导原理可参看文献［2］～［4］。根据计算结果，在 1500～2000K 范围，两相平衡的压力和温度可近似地表示为线性关系：

$$p_e(\mathrm{GPa}) = 0.0032 T_e(\mathrm{K})$$

1955 年，美国 GE 公司宣布他们在高压下成功地合成出金刚石[5]。合成实验以石墨为原料，并采用了多种金属（包括过渡族金属 Fe、Co、Ni 等及其合金）作为溶媒。生成金刚石的实验条件表明，温度在金属与碳的高压共熔点之上，且温度和压力处于金刚石热力学稳定区以内。如图 5-2 所示，所有的实验数据在 8GPa 以内，与 Berman 计算的相平衡线及其延伸线符合得很好[6,7]。

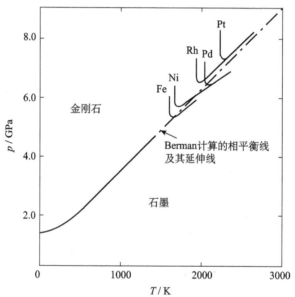

图 5-2　石墨在不同金属参与下转变为金刚石的温度压力范围[6,7]

另外，科学家们还开展了以包括石墨在内的各种单质碳材料为原料，不添加其他物质，在高压高温下直接转变生成金刚石的实验研究。大量实验结果表明：生成金刚石的温度、压力在金刚石稳定区范围内，但明显高于添加金属溶媒实验所需的条件。

例如：以石墨为出发原料，在 13～16GPa 和 3500～4000℃高压高温条件下，经过几毫秒时间，生成细小的金刚石[8]。还有，以非晶态碳为出发原料，在 9GPa 压力和 2000℃左右温度下，原料转变成石墨，再将温度上升到 2500～3000℃，石墨转变成金刚石[9]。最近，在 1600～2500℃和 12～25GPa 的高温高压条件下经过几分钟时间，高纯度石墨可直接转变为金刚石[10]。尽管这些实验条件都在金刚石稳定区内，但石墨直接转变为金刚石的温度压力远比有金属溶媒的实验条件高，若没有那样高的温度，即使在金刚石稳定区内，甚至在远高于平衡线的压力下，石墨也难以发生转变，而是作为亚稳相存在。图 5 - 3 表示在高温高压下石墨直接转变为金刚石的实验结果[11]。

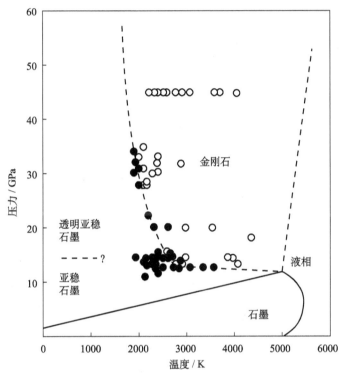

图 5 - 3　石墨直接转变为金刚石的实验结果[11]

图中黑点表示结果为纤维状石墨，圆圈表示结果为金刚石

　　需要注意的是，图 5 - 3 中的所有实验点都是在高压下采用脉冲激光加热所得的结果，样品在高温高压下所经历的时间很短，仅在毫秒量级。实际上，除了压力和温度条件以外，石墨转变为金刚石的相变过程还与时间密切相关。关于相变与时间的关系，将在后面讨论。

　　无论如何，大量实验证明：石墨完全可以作为一种亚稳相在金刚石稳定区的高温高压条件下存在，正如在常温常压下金刚石可以作为亚稳相长期稳定存在并保持其优异的物理性质一样。这也是高压下合成的材料可以在常温常压下被回收并被应用的前提。

5.1.2 石墨直接转变为金刚石的机理

石墨晶体有六方晶结构与菱面体结构两种类型,分别记为 hG 和 rG;而金刚石则有立方晶结构与六方晶结构两种类型,分别记为 cD 和 hD。20 世纪 60～70 年代,科学家们提出了从石墨到金刚石结构转变的模型[12-14]。认为这类转变是在高压迫使碳原子彼此靠近且高温使原子运动加剧的情况下,因近邻原子相互作用导致部分原子从原平衡位置发生位移而引起的整体结构转变,而不是碳原子先分散后再重新组合为金刚石结构的过程。图 5-4 表示几种晶格结构直接转变的模型,包括 rG→cD、hG→cD、hG→hD 三种不同途径。这类转变机理被称为"无扩散相变"或"马氏体相变"。

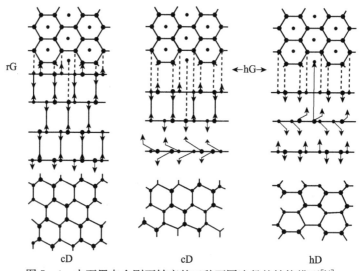

图 5-4　由石墨向金刚石转变的三种不同途径的结构模型[14]

其中大圆点表示同一层碳原子的位置,小圆点表示邻近的下一层碳原子的位置。上部为石墨的平面视图,中部为侧视图,下部为金刚石的平面视图。

同样的结构转变模型也曾被芶清泉教授用立体图表示出来[15],且立体图能让人更加容易理解。国内有关金刚石的书中多有引用[16],此处不再重复。

按照上述直接转变模型,无论哪种过程,石墨都经历了在高压下晶面层与层间相互靠近,相邻两层中位置对应的原子间形成共价键结合,同时晶格变形为金刚石结构,原有的 sp^2 和范德瓦耳斯结合改变为 sp^3 结合。在这样的过程中,碳原子从石墨晶格中的平衡位置转变到金刚石晶格中对应的平衡位置需要越过一个势垒,汪金通等曾估算了不同条件下石墨转变为金刚石的概率[17,18]。需要注意的是,在金刚石稳定区条件下,碳原子处于金刚石结构中的势阱比石墨中的更深。

理论模型及其计算给人们一些启示。例如：是否可以通过优选原料石墨的结构或利用具有 sp^3 电子结构的碳源等方法来提高金刚石的合成效率或降低合成条件呢？实际上，科学家曾经做了大量相关的高压实验。以下是两个例子。

第一个例子是 1965 年 Wentorf 的实验[19]，见表 5-1。

表 5-1　Wentorf 发表的实验结果[19]

碳源	温度/℃	压力/GPa	时间/min	密度/(g/cm³)	转换率/%
高纯度天然石墨	1300	15	50	2.6	25
	1700	15	35	2.97~3.2	70
	2100	15	10	3.02	70
	2400	15	2.5	2.97~3.2	70
光谱纯人工石墨	1700	15	50	2.31	5
	2000	15	50	2.34	8.5
	2400	15	15	2.39	15
碳黑（结晶性差）	2000	15	15	2.39	15
	2000	15	15	2.97~3.2	70
	2000	15	15	2.4~2.6	55

以上实验结果表明：金刚石的转化率与原料石墨结晶完好程度之间并没有显示对应关系。另外，Wentorf 还用多种有机物（包括蒽、芘、聚乙烯、苡烯、石蜡等）和多种大分子材料（花生、黄油、木材、白糖等）为原料，在 12.5GPa、2000℃、15min 条件下进行合成金刚石的实验。结果表明：原料中碳原子的 sp^2 和 sp^3 电子结构与金刚石的转化率之间也没有对应关系。

第二个例子是 Hirano 等的实验[20]。他们在 9GPa、2000~3000℃以上条件下所得的实验结果如表 5-2 所示。

表 5-2　Hirano 等的实验结果[20]

出发原料	生成物
单晶石墨	六方晶金刚石
高取向石墨	六方晶金刚石
光谱分析用石墨	立方晶金刚石
玻璃态碳	→ 石墨 → 立方晶金刚石
非晶态碳	→ 石墨 → 立方晶金刚石
碳氢化合物	→ 石墨＋未定物质（?）→ 立方晶金刚石

同样，按照前面理论模型所预想的一些关系，在 Hirano 等的实验中也没有得到验证。理论模型和计算仍然缺乏明确的实验支撑。

2003 年，Irifune 等使用 6-8 装置，在 2300~2500℃和 12~25GPa 的高温高压条件下，通过高纯石墨直接转变合成出大块的纳米金刚石多晶聚结体[10]，这一新进展不仅在应用上打开了相当可观的前景，而且对于石墨直接转变为金刚石机理的实验研究也具有重要意义。

根据目前为止的实验，石墨向金刚石转变的行为可定性地归纳在表 5-3[21] 中，其中，石墨直接转变为金刚石的过程能得到立方晶（cD）和六方晶（hD）两种结构，而石墨通过溶媒合成出的金刚石却只有立方晶一种结构。

表 5-3　石墨向金刚石转变的条件[21]

转变类型	加压方法	温度压力条件	转变时间	生成相
直接转变	冲击高压	特别高	特别短	cD，hD
直接转变	静高压	高	长或短	cD，hD
溶媒方法	静高压	较低	较长	cD

5.1.3　溶媒作用下石墨转变为金刚石的机理

1）溶媒的类型及其合成金刚石的条件

1893 年，法国化学家 Moisson 曾宣告成功合成金刚石。他的方法是用高温电炉把掺碳的铁熔化，然后突然放入冷水中，靠外层铁水急冷而产生高压，促使溶液中的碳析出而形成金刚石；最后用酸处理回收晶体。这件事很快得到媒体的宣传和科学界的认同。1906 年，Moisson 因他在氟化学及高温电炉等方面的重要贡献获得诺贝尔化学奖。他在获奖演说中强调了合成金刚石的成功，并为此陶醉到次年去世。但后来其遗孀对外界透露了真相。原来是他的助手因难以忍受无休止的艰苦实验，在样品中放入了一颗天然金刚石。这个故事被作为一种误传科学业绩的例子流传下来[22]。

1955 年，美国 GE 公司宣布用石墨加金属溶媒合成出金刚石[5]，1959 年 GE 的研究者们发表了他们所使用的过渡金属溶媒，即：Fe、Co、Ni、Ru、Rh、Pa、Ir、Os、Pt、Cr、Mn、Ta 及其合金[6]，进而对溶媒中金刚石晶体的生成机理做了深入研究[7]，这些突破性贡献带动了后来人工合成金刚石的发展。但应当看到，GE 的成功证明了 Moisson 当年努力的方向是对的，他曾坚持的让碳从铁和镍中析出的思路是正确的。只是他的方法远没有达到生成金刚石所需要的压力，而 GE 开发的设备达到了那样高的条件。

20 世纪 60 年代中期，日本、苏联、中国分别采用类似的途径取得了高压合成金刚石的成功。1966 年日本学者 Wakatsuki 提出了新的二元合金溶媒体系，即 Ti、V、Zr、Nb、Mo、Hf、W 与 Cu、Ag、Au 之间的二元合金，为研究金刚石合成中溶媒作用的机理提供了新的实验依据。Wakatsuki 指出这些金属原子之间的电子转移可能形成类似于过渡金属的电子结构[23]。

　　大量实验证明，在合成金刚石的石墨原料中加入溶媒金属，可以使合成的压力温度条件明显降低。但金刚石生成的压力和温度通常需要满足两个基本要求：一是温度需要达到所添加的金属与碳的共熔点以上，二是压力需要保持在该温度条件下金刚石的热力学稳定区，即在石墨与金刚石的相平衡线以上。这两个条件的界限在 P-T 相图上表示成两条线，由这两条线限定的区域常被称为"V 形区"，不同溶媒的"V 形区"位置不同，如图 5-2 所示。但也有少数金属，如 Ta、Co、Fe 可以在熔点以下温度和金刚石稳定区的高压下对石墨转变为金刚石起触媒作用。

　　20 世纪 90 年代，日本研究者 Akaishi 等发现多个系列的非金属化合物可以做合成金刚石的触媒，包括 Li、Na、Mg、Ca、Sr 的碳酸盐，硫酸盐，氢氧化物[24-26]。虽然其合成条件比过去用金属溶媒的条件更高，分别需要 6.5～7.7GPa 的压力和 1600～2200℃ 的高温，但是这样的条件比起石墨直接转变成金刚石的条件仍然要低得多。进而，Arima 等在石墨与金伯利岩的硅酸盐溶媒体系中观察到金刚石的结晶与生长，尽管实验条件明显高于天然金刚石生成条件，但这样的结果对天然金刚石的成因研究仍然十分重要[27]。

　　1992 年，Yamaoka 等发现：在 7.7GPa 的压力和 2200℃ 的温度下，金刚石晶种可以在碳加水体系中生长[28]。他们认为在高压高温条件下，过量的碳会通过 $2C+2H_2O \Longrightarrow CO_2+CH_4$ 反应和逆反应的过程在金刚石晶体上析出。但当时并没有找到在这种体系中金刚石自发成核的证据。

　　1993 年，Akaishi 等发现 P 作为非金属单质溶媒可以使石墨转变为金刚石，实验条件是 6.5～7.7GPa 和 1800℃ 以上[29]。

　　1994 年，Kanda 等发现 Cu、Zn 和 Ge 对金刚石成核或生长也能起到溶媒作用，但其温度条件都明显高于各自的熔点[30]。他们归纳了传统金属溶媒和后来发现的各种触媒作用下金刚石生成的条件，提出触媒加碳体系存在各自的"反应线"，即触媒与碳发生反应或共熔的起始温度界限，并在 P-T 相图上表示出反应线与熔化线的关系[30]。对于反应温度高于熔点的体系，只有在反应温度以上，触媒才能促使石墨转变为金刚石，如图 5-5 (a) 所示；包括非金属化合物、水、非金属单质 P 等在内的各种新的溶媒体系基本上都属于这种类型。而对于反应温度低于熔点的体系，当温度在熔点以下反应温度以上时，体系可形成碳化物或发生固相共熔，但大多数情况只有在熔点以上，触媒才能有效地促使石墨转变为金刚石，如图 5-5 (b) 所示；传统的金属溶媒基本上都属于这种类型。其中也有某些触媒，尽管其反应温度低于熔点，但在低于熔点且高于反应温度的情况下，能通过所含碳原子的释放而使金刚石生长，这种情况对应于 Ta、Co、Fe 作为金刚石生长触媒在固相时起作用的实验结果[6,31]。

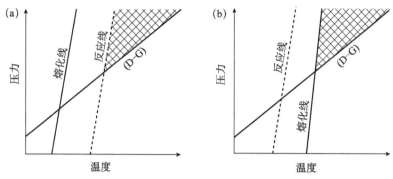

图 5-5　石墨在不同溶媒体系中生成金刚石的条件范围[30]
(a) 熔化温度低于反应温度的情况；(b) 熔化温度高于反应温度的情况

1999 年，洪时明等在无晶种情况下用水作溶媒使石墨转变成金刚石。实验中金刚石自发成核的条件是 7.7GPa 的压力和 1900～2200℃的温度，保持时间在 2 小时以内[32]。根据不同保持时间的实验条件和结果对比预示：如果进一步延长反应时间，金刚石可能会在更低的条件下生成。

2000 年，Yamaoka 等把石墨加水体系的保压保温时间延长到 24 小时，发现在 7.7GPa 的压力和 1400℃的温度下石墨可以转变成金刚石；另外，还在 5.5GPa 的压力和 1300℃的条件下观察到金刚石在晶种上生长的现象。延长时间有效地降低了碳加水体系中石墨向金刚石转变的温度和压力条件[33]。联想到天然金刚石都具有极为漫长的形成历史，完全有理由认为它们生成的条件还可以更低。这与天然金刚石形成的地质条件的研究结果是相符合的。

Yamaoka 等还对 C-H-O 超临界流体及 CO_2 流体中金刚石的形成与晶体生长做了多种实验调查[34-38]，认为溶媒中的 O 与原料 C 之间的氧化还原反应对金刚石生成起了重要作用[39-41]。这一系列实验为解释地球深部水对金刚石生成的作用提供了有力的证据。

2001 年，Sato 等发现非金属单质 S 也可以作为合成金刚石的溶媒，条件为 8.0～8.5GPa 的压力和 1600～1800℃的温度[42]。2009 年，洪时明等在更高压力温度下对六种不同金属或非金属单质进行了调查[43]，结果显示 Sn、Pb、Sb、Bi 四种金属在 9.6GPa 和 1650～1850℃条件下，都未能使石墨转变为金刚石，尽管温度远高于熔点且压力在金刚石稳定区。只有 Se 和 Te 这两种非金属单质，在 9.0～9.6GPa 和 1600～1850℃条件下，可以使石墨转变为金刚石。而在同样条件下，石墨并不能直接转变为金刚石，从而证明 Se 和 Te 确实具有溶媒作用。值得注意的是，Se 和 Te 与 O 和 S 同属于ⅥA 族元素，外层电子具有相同的结构，有利于与碳发生氧化还原反应，使处于亚稳态的石墨转变为金刚石。而属于其他族的 Sn 等四种金属则不能起到如此作用。这些实验结果支持了 Yamaoka 等提出的含氧体系中的反应机理[27]。

不同种类溶媒的发现为研究金刚石合成溶媒机理提供了丰富的实验依据和基础。但迄今为止，关于溶媒机理的研究仍存在某些歧见或争议。按照所强调的内容不同，大体可分成"触媒说"与"溶剂说"两类，但一般认为应同时考虑两方面作用，相关论文中常采用"溶媒"（solvent-catalyst）一词。

2）溶媒作用的机理

20 世纪 70 年代，在我国，芶清泉教授曾提出一种解释触媒机理的模型[15]。他认为高温高压下 Ni 等几种金属面心立方的 {111} 面上原子排列及其间距与石墨中正六边形面上原子有一定的对应关系，且因金属原子缺 3d 电子，能吸引石墨中碳原子的电子而成键，导致石墨晶面变形转变为金刚石结构。他还用这种模型对 Ta 能在熔点以下促使石墨转变为金刚石的实验给出了自己的解释。但包括 Ni 在内的绝大多数触媒却只能在熔点以上甚至远高于熔点的液相中才能起作用，对于液相体系，这种基于晶格对应的模型难以给出有力的说明。

作为另一种观点，按照溶剂说理论，石墨在溶媒作用下转变为金刚石的过程被认为是溶解再析出的过程[21,44]。首先，石墨中的碳原子以单个原子分散地溶入液态溶媒中，同时溶液中的碳原子也以一定概率析出为固相，在溶液达到饱和之前，溶解的概率大于析出的概率。当溶液达到过饱和状态时，碳原子析出的概率大于溶解的概率。若温度压力在金刚石的稳定区，则析出的碳原子凝聚为金刚石结构的概率应大于回到石墨的概率。尽管如此，溶液中金刚石的晶体生长还需要经历两个阶段，即"成核"与"长大"。当碳原子凝聚成的金刚石晶粒尺寸很小时，因其表面自由能过高，仍不能稳定存在，只有当晶粒尺寸增大到一定限度（临界尺寸）以上时，金刚石晶粒才能稳定存在。这样的晶粒称为晶核，这样的过程称为成核过程，如图 5-6 所示。

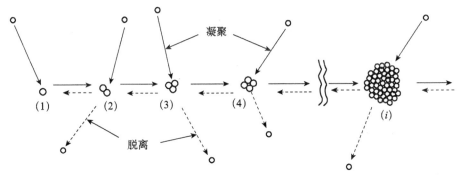

图 5-6　溶液中晶体成核过程示意图[21,44]

第二个阶段是晶体成长，当溶液中有稳定的金刚石晶粒存在时，原处于三维随机运动的碳原子一旦接触到金刚石表面，便容易被晶体表层碳原子所束缚，吸附在晶面上以获得较低的能量状态，再回到溶液中去的概率较小。此时，由于碳原子在同一晶面不同位置上的能量状态相等，因此仍能在该晶面内做二维的随机转移。同理，当碳原子在晶面内与另一方向的晶面相遇时，便更容易被约束在两个晶面的交界线"台阶"处，以取得更低的能量状态，同时也能沿着交界线做一维的随机移动。最后，当在这样的台阶内再与第三个方向的晶面相遇时，便更容易被固定在三个面形成的"角落"里，以达到能量最低状态。这样，当大量碳原子以某种适当的速度从过饱和溶液中往金刚石晶面上依次析出时，金刚石晶体便沿着某晶面方向一层一层地生长变大。这就是所谓的"沿面生长模型"，又称为"层生长理论模型"，原理如图 5-7 所示。

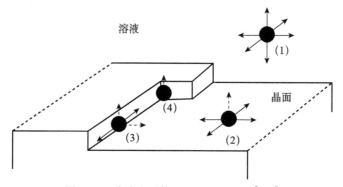

图 5-7　溶液中晶体沿面生长示意图[21,44]

(1) 溶质原子；(2) 吸附在晶面上；(3) 在两个晶面形成的台阶内；(4) 在三个晶面的交界处

无论是溶液中晶体的成核理论，还是沿面生长模型，在晶体学和矿物学领域都得到普遍地接受和应用[45]。尽管这些只是理想化的模型，实际情况可能更复杂，但可以帮助我们认识晶体生长的基本过程，有目的地控制晶体生长的实验条件，有助于合成出高质量的晶体。事实上，在人工合成的多种晶体中都能观察到支持这些模型的实验现象或形貌特征。

3) 溶液中金刚石晶体生长的驱动力[21,44]

一般意义的晶体生长包含"成核"与"长大"两个过程，以下主要讨论后一个过程，即晶体长大过程中的驱动力。

如上所述，在以石墨为碳源，金属为溶剂合成金刚石的方法中，金刚石生成的条件至少需要满足以下两点：一是温度高于金属与金刚石的共熔点 T_m，以保持体系处于液态；二是压力高于所处温度下金刚石和石墨两相平衡的压力，以保证整个过程在金刚石热力学稳定条件下进行。这样的条件范围表示在压力温度相图（P - T 图）上就是所谓的"V 形区"。

在这个"V 形区"内，对应于一定的温度 T，有确定的相平衡压力 p_e。将实际压力 p 与相平衡压力 p_e 之间的差（$p-p_e$）称为过剩压：δp，并设 Δv 为石墨与金刚石的摩尔体积之差。根据热力学的基本关系，石墨与金刚石的化学势（摩尔自由能）之差 $\Delta \mu (p, T)$ 可表示为

$$\Delta \mu = \Delta v(p, T)\delta p$$

由于存在这种化学势之差，一般情况下溶液中石墨的溶解度 X_g 与金刚石的溶解度 X_d 不相同。将这两种溶解度之差（$X_g - X_d$）表示为 δX。根据溶液中晶体生长理论和上式，可得如下关系：

$$\frac{\delta X}{X_d} = \frac{\Delta \mu}{RT} = \frac{\Delta v}{RT}\delta p$$

一定压力下石墨和金刚石的溶解度之差与温度的关系可在金属与碳的二元相图中表示出来。图 5 - 8 是 5.4GPa 压力下的 Ni-C 相图[6]，下图是局部放大图。实线和虚线分别代表稳定相的金刚石和亚稳相的石墨的溶解度曲线。

如图 5 - 8 所示，对应于同样的温度 T，石墨比金刚石具有更大的溶解度，即在一定浓度范围内对于石墨未饱和的溶液，对于金刚石却是过饱和状态，因此从石墨表面溶解出的碳原子在溶液中扩散到不太远的距离就可能析出形成金刚石晶核。金刚石成核的数量对过剩压非常敏感，过剩压越高，石墨与金刚石的溶解度差越大；溶解度差越大，金刚石成核就越容易。实验表明，当过剩压在一定值（设为 δp_c）之内（$\delta p < \delta p_c$）时，金刚石难以成核，而过剩压在一定值之上（$\delta p > \delta p_c$）时，金刚石成核量随过剩压升高而明显增加。生成的金刚石晶粒与石墨之间通常存在厚约 $100\mu m$ 程度的金属层，石墨与金刚石溶解度的差异造成其间的液态金属层中碳原子浓度分布不均匀。在接近石墨表面的溶液中碳的浓度较高，而金刚石表面附近的溶液中碳的浓度较低。图 5 - 9 是石墨和金刚石之间的金属溶媒中碳浓度分布的示意图[21,44]。

在石墨与金刚石之间的溶液中产生了浓度梯度，它驱动碳原子从石墨向金刚石的方向转移，溶解度大的石墨不断溶解，溶解度小的金刚石则不断析出，这种过程的驱动力与碳的浓度梯度密切相关。图 5 - 9 中所示的 ΔX_g、ΔX_d 和（$\delta X - \Delta X_g - \Delta X_d$）分别对应于使石墨溶解的驱动力、使金刚石析出的驱动力和

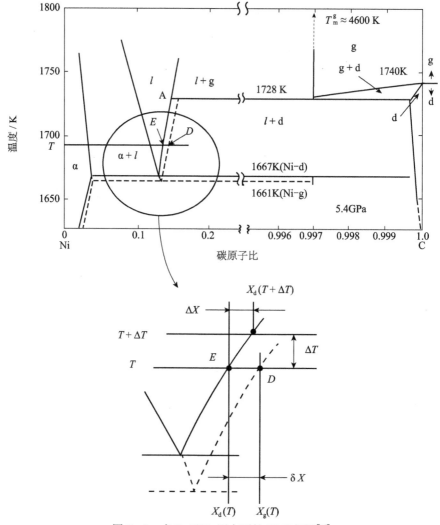

图 5-8　在 5.4GPa 压力下的 Ni-C 相图[46]

溶液中输送碳原子的驱动力。这几部分驱动力的相互关系必须满足物质流动的连续性。总的 δX 越大，各部分驱动力也越大，碳原子输送的速度也就越快。从上述溶解度差与过剩压的关系式可知这种驱动力与过剩压成正比。

　　石墨与金刚石间的液态金属层也被称为金属膜，正是这层金属膜使金刚石一旦成核后就可以不断地从石墨得到碳原子的供给，从而使金刚石晶体逐渐生长变大。以石墨为原料加金属溶媒合成金刚石的方法通常都经历这样的过程，这类方法被称为"膜生长法"。膜生长法可以看成是在温度均匀的环境中进行的，它包括金刚石成核和生长两种过程。决定驱动力的主要因素是过剩压，完全可以忽略温度梯度对驱动力的影响。

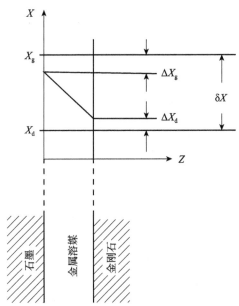

图 5-9 石墨和金刚石之间的金属溶媒中碳浓度分布的示意图[21,44]

采用石墨与触媒金属为出发原料在高温高压下合成金刚石的样品组装例可参看本书图 1-27，其中的石墨与金属也可以是粉料混合。

在膜生长法中石墨转变为金刚石的驱动力对过剩压相当敏感，所以较难控制金刚石新的晶核不断生成，导致成核与生长之间的碳源竞争，难以合成出优质的大颗粒单晶。针对这样的问题，Wakatsuki 提出可以在石墨原料中预先放置金刚石晶种，在石墨与金属共熔点以上温度下，将过剩压控制在合适的较低范围（$\delta p < \delta p_c$），使其既能抑制体系中新生成的金刚石晶核，同时又能使原有的晶种以一定速率逐渐长大，这样就有利于合成出优质的金刚石大单晶，并且还可以在有限的样品空间中放置多层晶种，实现多个金刚石大单晶同时育成。这种方法称为"过剩压法"[21,44]。实验表明，高温下金属熔化后会浸润到石墨和金刚石晶种之间形成一层膜，成为输送碳的媒介。过剩压法中晶体长大的原理与膜生长法并没有区别，晶体生长的驱动力仍然是过剩压，不同点仅在于需要抑制金刚石的自发成核过程，使碳原子只在预先放置的晶种上析出。

我们把以上两种方法中过剩压引起的驱动力称为第一种驱动力。它只有在石墨通过溶剂转变成金刚石的过程中才表现出来。如果体系中没有石墨相，就不可能存在这种驱动力。在这些方法中金刚石生长速度与过剩压密切相关，而合成压力的很小变化就会引起过剩压的较大变化，导致生长速度的较大变化，因此，这些方法对压力控制技术要求很高，目前要采用这些方法合成高品质的金刚石大颗粒单晶相对比较困难。

另外，早在 1971 年，GE 的研究者们就提出"温度差法"，用以在晶种上生长金刚石大单晶[47,48]。这种方法是使碳源与金刚石晶种在同样压力下分别处于较高温度和较低温度条件，中间隔有相当厚度的金属溶媒层。当整体条件处于上述"V形区"范围内时，碳源的石墨首先会完全转变为金刚石多晶聚结体，由于处于较高温度的碳源的金刚石具有较高的溶解度，而处于较低温度的金刚石晶种具有较低的溶解度，所以在中间的金属溶液中碳的浓度就会产生一定的梯度。碳原子便能不断地从碳源向晶种输送，使晶种长大。只要在碳源和晶种之间保持一个稳定的温度梯度，就可以使晶体维持一个稳定的生长速度。由于控制这样的温度梯度比控制过剩压更容易实现，所以这种方法在合成高品质大颗粒金刚石单晶中得到了很好的应用。

图 5-10 给出了过剩压法和温度差法生长金刚石单晶的组装示意图。

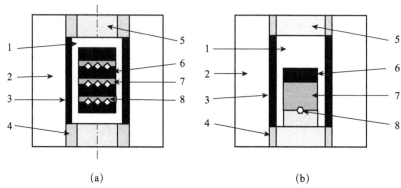

(a)   (b)

图 5-10　过剩压法（a）和温度差法（b）生长金刚石单晶的组装示意图
1：内层传压介质；2：叶蜡石；3：加热套；4：导电钢环；5：陶瓷堵头；
6：碳源；7：溶媒金属；8：金刚石晶种

在温度差法中为了防止碳源和晶种发生石墨化，压力和温度条件都必须始终保持在上述的"V形区"范围内。碳源和种子都处于同样的压力下，只是二者的温度不同。设温度差为 ΔT，碳源和晶种的溶解度差为 ΔX，则有

$$\frac{\Delta X}{X_d} = \frac{\Delta h_f}{RTT_m}\Delta T$$

其中 Δh_f 是在晶种所处的压力温度下金刚石的溶解焓；T_m 为该压力下金刚石的熔点。在图 5-8 所示的溶解度曲线上，我们可以找到 $X_d(T+\Delta T)$ 和 $X_d(T)$ 的差 ΔX。在图 5-9 中只要用 ΔX 取代 δX，也就同样可以对应于碳源的溶解、碳在溶媒中的输送，以及向晶种析出这几个过程的驱动力。总的驱动力来自温度差 ΔT。我们把这种由温度差引起的驱动力称为第二种驱动力。

总之，高压高温条件下溶液中金刚石晶体生长的驱动力可以归纳为两种：即由过剩压引起的驱动力和由温度差引起的驱动力。前一种是碳原子在一定压

力温度的溶液中从石墨向金刚石转移的驱动力；后一种是碳原子在一定压力的溶液中从较高温的金刚石向较低温的金刚石转移的驱动力。

表 5-4 给出了金属溶媒作用下合成金刚石与生长大单晶的三种基本方法对比。

表 5-4 金属溶媒作用下合成金刚石与生长大单晶的三种基本方法对比

方法名称	碳源材料	条件*	有无晶种	驱动力	自发成核
膜生长法	石墨	$\delta P > \delta P_c$	无	过剩压	有
过剩压法	石墨	$\delta P < \delta P_c$	有	过剩压	无
温度差法	金刚石（石墨**）	ΔT	有	温度差	无

注：*表示 p 和 T 处于"V形区"（$p > p_e$，$T > T_m$）；**表示石墨先转变为金刚石。

在不同的实验方法中，只要根据以上不同的原理合理地选择并保持压力和温度分布条件，即可控制其晶体生长的驱动力，从而获得合适的成核密度，以及恰当的成长速度，有效地避免晶体中的结构缺陷和包裹体等问题，再通过有目的地进行元素替代等掺杂技术，便可以合成出不同性能的优质大颗粒单晶金刚石。近年来，我国在金刚石大单晶合成技术上已有明显提高，这方面，贾晓鹏等报道了许多实验研究的进展[49-53]。

5.1.4 溶媒作用下金刚石多晶烧结体的合成

金刚石多晶烧结体是 GE 研究者开发的一种超硬多晶材料[54]，出发原料是细小的金刚石晶粒（通常在微米量级）加上烧结助剂（如溶媒金属），将样品在高温高压下处理一段时间，使金刚石表面通过溶解再析出过程在晶粒间形成直接结合（D-D结合），这样合成出的多晶块体材料既能在很大程度上保持金刚石的硬度等性能，又能避免因单晶解理面带来的方向性差异等问题。这类材料被广泛应用在地质钻头、石材加工工具以及拉丝模等方面。

洪时明等在采用金属助剂进行金刚石多晶体烧结的实验中，观察到一种金刚石异常粒成长现象[55]，并对金刚石异常粒成长的特征与合成条件等的关系进行了大量分析对比。实验所用金属包括 Fe、Co、Ni、$Fe_{55}Ni_{29}Co_{16}$ 和 $Ni_{70}Mn_{25}Co_5$ 合金，金刚石原料微粉的粒度包括从 $0.5\mu m$ 以下到 $20\sim30\mu m$ 的七种不同等级，组装方式包括金属片与金刚石微粉迭层组装和金属粉与金刚石粉混合组装。实验压力为 $5.2\sim6.3GPa$，温度为 $1300\sim1650℃$，保持时间从 5 分钟到 2 小时不等。样品回收后，用光学显微镜、扫描电镜、X 射线衍射、拉曼光谱等手段对其破断面和磨削面等进行表征，部分样品经酸处理去掉金属后再次进行观察分析[55-57]。各个系列的实验结果表现出如下几点共同特性。

（1）所有样品中都没有发现石墨相。

（2）异常粒成长开始发生的位置总是在金属助剂相对富集的地方，与在样品中所处的几何位置和可能的温度压力分布都没有对应关系。

（3）金刚石异常成长的晶粒与周围细小晶粒之间通常存在一层金属薄膜，其厚度在几微米到数十微米。

（4）金刚石异常成长晶粒的生长速度随温度升高而明显增加。

（5）原料粒度越小，金刚石异常粒成长现象越容易发生，且生长速度越快。

（6）与原料金刚石晶粒相比，异常成长的晶粒表面更加平整，晶形相对完好。

作为一个例子，图 5-11 给出了用铁作助剂、小于 $1\mu m$ 的金刚石微粉为原料在 5.8GPa 和 1500℃条件下保持 60 分钟后样品的横断磨削面酸处理前的二次电子像（a）和同一样品酸处理后异常成长晶粒边沿附近放大的二次电子像（b）。可以清楚看到，样品中异常成长晶粒尺寸达到约 1mm 以上。

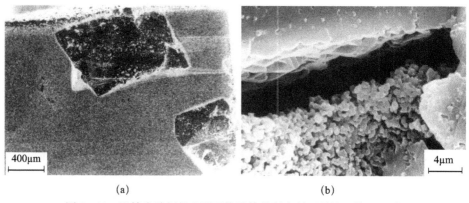

（a）　　　　　　　　　　（b）

图 5-11　以铁为助剂的金刚石烧结体横断磨削面酸处理前（a）与
酸处理后（b）的二次电子像[58]

这种金刚石异常粒成长现象表明：在体系中发生了单方向的碳输运过程。碳从原料微粉金刚石中通过金属溶液转移到较大的晶粒中去，使这种晶粒迅速长大，同时消耗掉周围的微粉。这种异常晶粒最初的晶核可能是原料中较完好稳定的晶体，也可能是重新形成的新晶粒。无论如何，在这种晶粒的长大过程中，促使碳单方向输运的原因并不能用前述的两种驱动力来解释。第一，在所有样品烧结的各个阶段都没有发现过石墨相。因此，完全可以确信前述第一种驱动力即过剩压引起的驱动力在异常粒成长过程中不存在。第二，异常成长晶粒在样品中的分布与任何假定的温度分布都没有对应关系。比如，异常成长晶粒可以出现在样品中的各个位置，并在数十到数百微米范围内同时向几个方向生长，相邻的两个异常成长晶粒还可以相对生长以致逐渐长到一起等等。如果假设其驱动力是由温度差引起的，那么样品中的温度分布便成为非常复杂的"地形图"，且变化无常，这显然是不合理的。另外，异常成长晶粒的生长速度对温度和原料粒度非常敏感，这两个特点也很难用温度差引起的驱动力来加以说明。因此，异常粒成长现象的主要原因也不是前述的第二种驱动力。

图 5-11（b）显示酸处理后样品局部的形貌。在异常成长晶粒和周围的微粉之间酸处理后显出一道缝隙，宽约几微米，酸处理前这里被溶媒金属填满。在缝隙的一侧是较为平直的硕大晶粒表面，而另一侧是细小的微粉，它们都是金刚石，唯一不同的是粒度相差很大。于是可以推想存在一种只与粒度有关的驱动力。在这种驱动力作用下，一方面是碳原子不断从细小晶粒表面溶入金属，另一方面是碳原子不断从金属中析出到粗大的晶粒表面上去。但实际上，溶解和析出在大小晶粒表面都应当同时存在。当它们分别存在于金属溶液中时，在一定温度压力下应处于各自的动态平衡。只是当它们靠得很近时，这种平衡发生偏离，在微粉表面溶解快于析出，而在大晶粒表面析出快于溶解。这种偏离的原因可以归结为微粉具有大得多的比表面积，其表面自由能比大晶粒的表面自由能高，尤其是在微粉粒度很小的时候，这种差别就更明显。由于在烧结过程中整个体系的自由能应当趋于降低。因此，一旦出现较大的晶粒，平衡就被打破，碳原子就会通过溶液从自由能较高的微粉表面向自由能较低的粗大晶粒表面转移。这种过程一旦出现就会越演越烈。只有当微粉金刚石本身的相互烧结使其自由能有所降低时，这种单向输运的速度才能逐渐减缓。从这个意义上讲，以金属为助剂的细微粒度金刚石的均匀烧结体是一种亚稳体系，烧结过程中的最大困难就是存在金刚石异常粒成长的更低势阱。

为了与前述的两种驱动力相区别，我们把这种由表面自由能差引起的驱动力称为第三种驱动力[58]。当晶粒尺度相差不明显的金刚石在溶媒中烧结时，因晶体表面平整性的差异，以及相互接触挤压引起的应力不均匀等，都能带来细观尺度上的自由能差异，这种差异可以导致晶粒表面某些局部溶解大于析出，另一些局部析出大于溶解，这样溶解再析出过程的结果是：晶粒相互连接在一起，晶粒间形成大量直接结合，使体系整体自由能降低。因此，金刚石晶粒间直接结合形成的驱动力可以归结为第三种驱动力，即表面自由能之差。这就是溶媒作用下金刚石多晶烧结体合成的驱动力。要合成出均匀优质的金刚石烧结体，需要采取一些既能抑制异常粒成长，又能促使金刚石粒间直接结合形成的措施，包括选用适当的添加剂，严格控制合成温度压力和时间等。

近年来，Irifune 等通过石墨直接转变合成出纳米金刚石多晶聚结体，显示出极高的硬度和耐高温等优越性能（参看 1.1.3 节）[59]。在这种材料合成过程中，石墨中碳原子越过势垒形成金刚石的驱动力直接来自高温高压，转变机理模型可参考 5.1.2 节。这种过程的机理完全不同于有溶媒存在的金刚石多晶烧结，只是在这种过程中，当石墨完全转变为金刚石以后，在纳米多晶体如何维持其整体均匀性等问题上，仍然可能涉及晶粒表面自由能的平衡。

由此，还可以引出另一个问题：天然金刚石生长的驱动力是什么？

事实上，在天然金刚石生成的环境中并没有发现任何金属存在，因此，有关人造金刚石的金属溶剂理论不能用于解释天然金刚石的成因。

1990 年以后，人们相继发现多种含氧的非金属化合物可以在高压高温条件下将石墨转变成金刚石[24-26]，以致采用金伯利岩和石墨体系也可以合成出金刚石[27]，且回收样品中并没有生成新的化合物，因此，这些体系中金刚石晶体生长过程仍被认为是溶解和析出过程。后来，采用石墨加水体系也可以合成出金刚石[28,32]，一系列关于碳氢氧超临界流体合成金刚石的实验还证明只要延长时间，合成的温度和压力条件还可以大大降低[33-40]。联想到天然金刚石都具有极为漫长的形成历史，完全有理由认为它们生成的条件还可以更低，这与天然金刚石形成的地质条件的研究结果是相符合的。这些实验中都有石墨存在，只要把非金属化合物和水等都看成溶媒，金刚石生成的驱动力就可以用第一种驱动力来说明。但是，天然金刚石生成的环境中并没有发现石墨存在的证据。这就使第一种驱动力的假设失去了必要的前提。

另外，天然金刚石是经历了若干亿年才形成的。很难想象地球内部在那样小的范围内可以维持某种细微的温度梯度在如此漫长的时间中稳定不变。因此，我们也很难用第二种驱动力来解释天然金刚石的成因。

最后，我们可以推测：上述的第三种驱动力是有可能的。当许多金刚石细小晶粒在矿物中形成以后，在表面自由能差的驱动，以及高温高压下经过漫长岁月的聚集和缓慢的溶解再析出过程，许多邻近的细小晶粒逐渐演变成大颗粒的金刚石单晶。实际上，地质学家发现：有一类天然金刚石就是由中部的单晶体和外层的多晶体两部分组成的[60]。在其他矿物中也存在类似标本。这些矿物都可以作为支持第三种驱动力解释的例证。

5.2 高压合成金刚石等材料中的化学反应

在以上关于高压合成金刚石的驱动力的讨论中，溶媒的作用被简单归结为溶解和析出的物理过程。实际上，所谓的溶解和析出都完全可能是通过化学反应去实现的，或者包含相当程度的化学作用，溶媒金属的原子具有相似的外层电子结构就是一种旁证。另外，石墨加水体系中金刚石的形成被认为是氧化还原反应的结果，许多非金属溶媒在远高于熔点的条件下才能使石墨转变为金刚石也被认为是需要经历化学反应。但由于许多体系的反应结果仍回到碳的单质相，并没有留下新的化学成分的物质，因此在讨论其驱动力时仍可被假设为溶解度之差等。在这类过程中，可逆的化学反应帮助石墨中的碳越过两相间势垒而转变为金刚石，其结果与溶解再析出的过程相似。而本节则主要讨论化学成分发生变化的情况。

利用多种含碳化合物在高温高压下的分解来合成金刚石的研究，以及对用石墨或六方氮化硼（hBN）高压合成金刚石或立方氮化硼（cBN）过程中可能发生的化学反应的研究过去曾有不少报道。随着许多新型触媒和新型出发原料的发现，有必要进一步探讨与合成金刚石及相关材料有关的高压化学反应的规律和机理，以及新方法合成出的金刚石等材料的特殊性能。

与同种物质在高压下发生相变的物理过程不同，化学反应合成方法主要指原料与生成物具有不同的化学成分，或者中途经历过化学成分明显变化的阶段。目前为止，这类方法按照化学反应的性质可大致归类如下。

5.2.1　分解反应

1993 年，洪时明等发现在高温高压下 SiC 可在 Co 等金属的作用下分解并析出金刚石[61]。通过对 SiC 分别加 Mn、Fe、Co、Ni、Cu、Zn、Al 和 $Ni_{70}Mn_{25}Co_5$ 等合金的高温高压反应行为进行详细的实验调查，找出了这些金属使 SiC 分解并形成金刚石的温度压力条件范围。发现 $Ni_{70}Mn_{25}Co_5$ 是促使这种反应的高效触媒，体系中的碳转变成金刚石的比例高达 80％以上[62]。建立了用 SiC 加金属触媒大量合成优质金刚石微粉的有效方法。

此后，罗湘捷等发现 B_4C 在金属作用下也可分解生成金刚石[63]；李良彬等发现用 Cr_3C_2 或 VC 加金属也可以合成出金刚石[64,65]。这些都可归于分解反应。

在反应机理方面，李伟等通过改变 SiC 加金属体系中 Si 的浓度等实验，给出了 C、Si 和金属的三元相图，认为使碳游离析出的驱动力为硅和碳在溶液中的饱和溶解度之差[66]。当 SiC 在金属作用下分解时，溶液中产生等摩尔量的 Si 和 C，由于二者的溶解度不同，当对于 Si 尚未饱和的溶液但对于 C 已达到过饱和时，碳便会游离析出。但即使在金刚石热力学稳定区条件下，游离析出的碳也并不一定都能形成金刚石，而是也可能形成亚稳态的石墨。江锦春等进一步证明，促使游离碳形成金刚石晶核的驱动力很明显地依赖于过剩压力[67]。

但是，SiC 加上述金属在高温高压下的行为并不都是单纯的一次性的分解反应。比如：SiC 加 Fe 的体系在 5.4～6.0GPa 压力和 1300～1375℃ 温度条件下会形成 Fe_3Si 和 Fe_3C；在 1375～1500℃ 温度下，Fe_3C 会分解析出金刚石[68]。在这种反应中 Fe_3Si 的形成表明也发生了取代反应。

用 B_4C、Cr_3C_2 或 VC 加金属合成金刚石的反应机理也可作与 SiC 加金属体系反应类似的考虑，但实际过程大多都比一次性分解反应更复杂。

5.2.2 复分解反应

1994 年，李伟等发现通过 Fe_3N 与 FeB 的复分解反应可以合成 cBN[69]。这种反应的驱动力被认为是反应物与生成物在高温高压下的稳定性之差。

1997 年，李良彬等进行了用碳化物和氮化物在金属溶媒作用下合成氮化碳的实验探索[70]。调查了碳化物（SiC 或 Cr_3C_2）和氮化物（Fe_3N，CrN 或 Si_3N_4）加金属（Fe 或 Ni）的多种体系在高温高压下进行复分解反应的行为。其中，以 SiC 加 Si_3N_4 或 Fe_3N，还有 Cr_3C_2 加 Fe_3N 为出发原料，Ni 为溶媒的体系，在反应生成物的 X 衍射图中都发现类似的一组与 C_3N_4 的理论计算结果位置相近的衍射峰；而在 SiC 和 Si_3N_4 加 Ni 的体系的反应生成物中用 SEM、EDX 和 WDX 观察到富含氮和碳成分的微粒[71]。虽然，实验终未能从复杂的固相混合体系中提取出单纯的氮化碳晶体，但至少为所采用的碳化物和氮化物在反应条件下的相对稳定性提供了实验依据，对高温高压下复分解反应的设计具有参考价值。近年来，雷力等采用高压固相复分解反应制备出多种氮化物等无机化合物[72-74]，这些实验为高压下固相复分解反应提供了更多更清楚的例证。

5.2.3 氧化-还原反应

20 世纪 90 年代以来，发现一系列非金属化合物或单质可以在高温高压下促使石墨转变成金刚石[24-29]，其转变温度远高于体系的熔点，被归结为反应线[30]。在许多体系中碳被推测经历了各自不同的化学反应，主要是氧化-还原反应。例如，在用 Ag_2CO_3 作触媒使石墨转变成金刚石的实验中，发现生成物中出现 Ag；而用纯 Ag 作对比实验的结果表明它并无触媒作用[75]。因而可以推想 Ag_2CO_3 分解放出的氧可能与碳反应后再分解析出的碳在高温高压下形成金刚石，这样碳本身就经历了先氧化再还原的反应过程。

石墨加水的体系可以在高温高压下生成金刚石，这种体系在实验条件下已处于 C-H-O 超临界流体的状态，热力学计算表明碳氢氧之间可能会发生一系列化学反应[76]。而作为碳本身的转变过程则可以归结为 $2C+2H_2O \Longrightarrow CO_2+$

CH_4 反应及其逆反应[28]；其中，参加反应的碳原为石墨，而逆反应析出的碳在处于金刚石热力学稳定区的高温高压条件下形成了金刚石。S、Se、Te 等与 O 同族的单质则被认为容易与 C 发生反应形成碳化物（如 CX 或 CX_2），并在金刚石稳定区条件下分解析出为金刚石[42]。

5.2.4 化合反应

正如 5.2.2 节所述，很早以来，高压合成有机物、高分子材料以及矿物材料的方法中有许多都属于化合反应。这里再说明一下高压固相反应合成多晶材料的例子：洪时明曾采用非化学定比的碳化钛 $TiC_{0.6}$ 与金刚石微粉混合，在 6.5GPa 和 1800～1900℃条件下进行固相烧结，XRD 分析表明：所得块体材料的成分只有 TiC 和金刚石，说明金刚石中有部分 C 与 $TiC_{0.6}$ 反应生成了 TiC。这样合成的样品中金刚石晶粒之间形成致密的结合，这种多晶材料的韦氏硬度为 45GPa，且在 900～1400℃条件下多次真空热处理各 30min 后其硬度没有降低，被认为是耐热性最高的超硬多晶材料[77]。

用高压化学反应合成金刚石及其相关材料的研究到底具有多大意义和应用前景取决于新方法是否能发现新规律，是否能合成出过去没有的新材料，或者是否能给传统材料带来新的性能。例如，用 SiC 加金属合成出的金刚石晶体的表征结果显示：所得的金刚石晶粒细小而均匀，晶形对称完好[61]，阴极荧光分析表明金刚石晶体中具有由 Si 杂质引起的光心[78]。粒度分析与热重量分析表明，SiC 合成的 10～50μm 范围的金刚石晶粒在空气中的起始氧化温度和完全氧化温度分别比用石墨合成的相同粒度的金刚石高出 100℃以上，认为完好的表面和硅杂质的存在对提高晶体的抗氧化性起了重要作用[79,80]。在扫描电镜中对嵌在铅板上的两类金刚石的对比测试表明，用石墨合成的金刚石晶体产生荷电效应的概率远远高于用碳化硅合成出的金刚石；在同样的入射电子束流条件下，前者的平均试样吸收电流明显低于后者；推测硅杂质（或硅与其他杂质共同形成的结构）改变了金刚石的介电特性。

5.3 高压合成材料与时间的关系

高压科学的发展已让人们认识到物质普遍存在由压力引起的相变。各种物质体系的 P-T 相图被实验或理论计算调查到数百 GPa 甚至更高的压力范围，科学家发现或预言了许多奇异的新相，充分展示出压力是除温度和组分以外决定物质体系的结构、状态和性质的第三个重要维度[81]。

如前文所述，高压合成材料的典型途径就是在高压下生成新的稳定相，并在常压下回收使用。高压相的形成可以通过直接的相变过程，也可以通过在溶媒中溶解再析出过程，还可以通过化学反应过程去实现。但是，大量实验表明，即使在高压相热力学稳定区的条件下，也不一定能得到与平衡态相图符合的结果。常需要某些附加条件，如温度在熔化线以上，或在反应线以上等。

其实，除了上述条件以外，还有一个重要因素，那就是时间。因高压下热力学稳定相的形成需要经历成核和生长这些与时间密切相关的过程。如果在体系还没达到稳定相成核的临界尺寸之前就被固定下来，其结果只能得到某种亚稳相；且不同的亚稳相也有各自形成的时间，因此不同时间得到的结果就可能完全不同。也就是说：除了压力、温度和组分之外，还存在第四个维度——时间。

对成核过程和生长过程的研究被归结为相变动力学。尽管动力学问题通常不在静高压实验中讨论，但因其与材料合成关系密切，因此仍有必要在本章给予介绍。在静高压实验中，许多物质体系的高压相变被认为进行得相当快，特别是微小样品的静高压实验常常忽略相变的时间。虽然动高压实验需要考虑这些过程的影响，但由于在极短时间内定量观察的困难，以及在加压的同时伴随温度急剧变化等原因，这类工作并未得到充分开展。过去关于相变动力学的研究大多集中在温度与相变时间的关系上，常压下这方面研究已有悠久的历史。例如，金属学和食品科学中常采用 TTT（temperature-time-transition）图来描述相变动力学行为。相比之下，对压力与相变时间关系的研究却显得很少[82]。这类工作被期待于建立精确控制加压速率的实验装置和具有高时间分辨率的在线诊断技术这两方面的结合，这无疑是最直接、最理想的途径。

尽管如此，高温高压下有大量物质体系的相变时间比想象的更长，且有相当多的高压稳定相或亚稳相可以通过适当的条件路径回收到常压下保存。完全可以利用现有的实验技术开展与高压相变动力学相关的研究。一种简易可行的途径就是：将不同高温高压条件下经过不同时间处理的样品回收下来进行分析表征对比。这是目前几乎所有的高压实验室都有条件去做的事情。

这样的工作可分为两类问题表述：第一类是高压稳定相形成的条件与时间的关系，以石墨转变为金刚石为例；第二类是高压下亚稳相的形成与时间的关系，以快速加压凝固非晶等亚稳相材料为例。

5.3.1 高压稳定相形成的条件与时间的关系

天然金刚石中存在的以水为主的 C-H-O 物质包裹体曾引起人们很大的兴趣。1992 年，Yamaoka 等用实验证明了水对金刚石晶体生长的作用[28]；1999 年，洪时明等证实石墨加水的体系可以在高温高压下自发成核生成金刚石，并调查了时间与成核条件的关系[32]。实验结果可以表示为图 5-12 的形式，其中包含了压力、温度和时间三个维度，虽然数据不多且相边界有待讨论，但本质上这就是 *PTTT*（pressure-temperature-time-transition）相图。

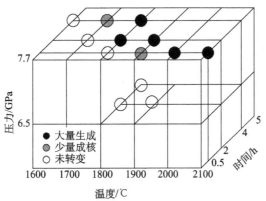

图 5-12　石墨加水体系中金刚石形成的条件[32]

黑点表示大量生成金刚石；灰点表示少量金刚石成核；白点表示未回收到金刚石

此后几年，一系列 C-H-O 体系被实验证明可以生成金刚石[33-40]，并且进一步表明：随着时间的延长，金刚石生成的条件明显降低。图 5-13 归纳了相近组分的 C-H-O 体系在 7.7GPa 下金刚石生成的温度与时间的关系，相当于固定压力下的 *TTT* 相图。

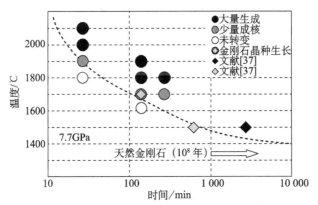

图 5-13　7.7GPa 压力下 C-H-O 体系中石墨向金刚石转变的 *TTT* 相图[83]

黑点表示大量生成金刚石；灰点表示少量金刚石成核；白点表示未回收到金刚石；
圆圈中含菱形表示放置晶种生长；菱形表示 Yamaoka 等的实验结果[37]

同样，也可以固定温度，将不同压力和时间与实验结果的关系表示出来，如根据图 5-12 中 1800℃下的五个实验数据很容易绘制出 *PTT* 图。从这些图中可以粗略看出金刚石作为高压稳定相形成的动力学行为。不难想象在压力、温度和时间三维空间中存在一个界面将石墨与金刚石两相分开，两相在压力和温度平面上的平衡线则是在时间趋于无穷大时的极限情况。

如上提示，实验给出的相边界需要讨论。因为实验中判断金刚石形成的依据是对回收样品进行 XRD、Raman 光谱、SEM、TEM 等分析表征结果，这样的结果受到回收方法和仪器分辨率等因素的限制，不可能绝对精确。那么，这种途径是否还有科学意义呢？根据"相"的定义[84]，在实验中应是有确定界面的均匀系，新相形成的最初阶段是成核，只有当核的界面超过临界尺寸，新相才能稳定存在[85]。相变应该从新相能稳定存在时开始算起，即是说新相的界面达到临界尺寸以上时相变发生。而临界尺寸是与压力温度等条件密切相关的，它并不等于可回收到的最小尺寸或可表征的最小尺寸。在许多条件下临界尺寸小于可回收表征的尺寸，而某些条件下也可能大于可回收表征的尺寸（比如在无限接近相平衡线的条件下，均匀成核的临界尺寸趋于无穷大）。因此由回收样品的表征结果给出的相变边界条件肯定是不严格的。尽管如此，表征方法至少可以给出相变发生的证据，并且表征结果与理论上存在的由临界尺寸所确定的相变条件之间应该有密切的对应关系，因此，完全有理由相信：根据回收样品的表征结果来推定的相平衡面（PTTT 图）是有科学意义的，其显示出的趋势、规律以及条件范围无论对于理论研究还是实际应用都有重要的参考价值。

5.3.2 高压下亚稳相的形成与时间的关系

非晶相是典型的亚稳相，过去许多制备非晶材料的方法都可归结为液相急速冷却凝固过程。TTT 相图被广泛用于描述非晶相形成的动力学行为和热稳定性[86]。考虑到大多数物质的熔点随压力增加而升高，对熔体加压也能导致其凝固；因此只要加压速率足够快，在高压下获得的过冷度足够深，原理上也应能使液体凝固成非晶相（图 5 - 14）。

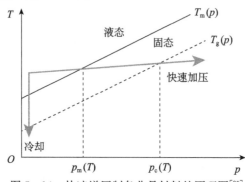

图 5 - 14　快速增压制备非晶材料的原理图[83]

近年来，我们探索了快速增压导致熔体凝固的方法来制备非晶等亚稳材料。首先自行设计研制出一种大幅度快速增压装置，可以在 20ms 时间内将压力从较低的预置值跃升到 10GPa 程度并保持不变[87]；这样的增压速率处于传统的静高压与动高压之间，远低于声速而远高于热传导速率，因此既可以避免冲击波的影响，又可以保留压缩过程中热效应的信息，被成功地用来测量多种物质的格林艾森常数和吴-经参数[87-92]。尽管这种快压过程应该属于准绝热压缩过程，超出了本书"静高压实验"的范畴，但是，由于快压制备亚稳材料的实验清楚地演绎了亚稳相形成与时间的关系，在原理上为研究静高压下相变过程以及合成亚稳材料的条件和途径提供了重要参考，所以，仅将这部分相关实验工作的原理介绍如下。

我们采用这种装置探索过制备单质硫的大块非晶材料[93]、单质硒的块体纳米材料[94]、镧系基合金玻璃块体材料[95,96]、高分子 PET[97]、PEEK[98] 大块非晶以及 iPP[99] 近晶相等多种块体亚稳材料。

通过快速和慢速加压的实验结果对比可以看出：在同样的温度压力条件下仅仅由于加压速率不同，就可以得到完全不同的结果。比如：采用单质硫作为出发原料，先预压到 0.17GPa，再加热到 150℃ 使其充分熔化，然后在保持加热功率不变的情况下加压到 2GPa，再自然降温，缓慢卸压回收样品。通过 X 射线衍射分析等发现：加压时间为 20min 所得的结果是以 α 相晶体硫为主的固体相，而加压时间为 20ms 所得结果则是完全的非晶相[93]。前者符合平衡态高压相图的结果，而后者却完全不符合。类似的结果在上述多种物质中都同样清楚地表现出来，说明这种现象具有相当的普遍性。这些结果启示我们：有大量物质的高压平衡态相变需要比毫秒甚至秒量级更长的时间，特别对于具有环链团簇结构的单质体系、合金体系、大分子体系和其他多组分复杂体系，在这样的时间尺度以内存在丰富的亚稳相和有趣的变化行为。

加压速率不同引起的差异被认为与"路径"有关。热力学中"不同的路径"可以被理解为在 P-T 平面上具有相同起点和终点的两条不同曲线，如"先增压后升温"与"先升温后增压"的差别，那样不同的路径的确能导致不同的结果。但上述实验中慢增压与快增压的差别却无法在 P-T 平面中表示出来，只有加上时间轴才能表达。图 5-15 是在压力、温度和时间三维空间中不同路径的示意图。路径之间的差别可表达为不同参量与时间的函数关系，如 $p(t)$ 和 $T(t)$；用这样的关系也可以表达不同参量变化的先后次序。由于包含了时间这个因素，可将其理解为"动力学路径"。

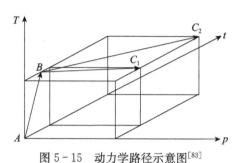

图 5-15 动力学路径示意图[83]

A-B-C_1 和 A-B-C_2 分别表示快速增压和慢速增压实验路径

在传统急冷法制备非晶的过程中存在两个临界值：临界冷却速率和玻璃化转变温度，只要液相冷却的速率比临界速率更快，冷却温度比玻璃化温度更低，就能形成相对稳定的非晶相[100]。与此相比，快速增压凝固非晶相的过程也应该存在一个临界增压速率和一个玻璃化转变压力（图 5-14）。我们曾在 Nd 基合金玻璃的快速增压制备实验中初步给出玻璃化转变压力存在的证据[98]。另外，在加压凝固 iPP（等规聚丙烯）的实验中，通过对不同增压速率获得的样品的表征比较，证明也存在临界增压速率；还发现这种临界增压速率具有随温度的升高而增加的趋势[99]。类比急冷法制备亚稳相的 TTT 相图中存在一个表示稳定相边界的 C 形区[91]，可以假设在 PTT 相图中也存在类似的 C 形区，于是临界增压速率与稳定相之间的关系就可以表示为增压速率直线与 C 形曲线相切的关系[99]。图 5-16 表示不同温度下的熔点压力、亚稳相形成的临界压力，以及临界增压速率与假设的 C 形曲线之间的关系。原理上这样的 C 形曲线可以通过在线测量相变潜热等方法来确定，通过不同温度下的 C 形曲线，即可在 $PTTT$ 相图中确切地给出亚稳相与稳定相之间的动力学界面。

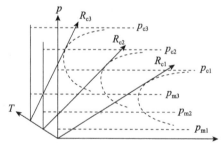

图 5-16 根据 iPP 在不同温度下的熔点压力（p_m）、亚稳相形成临界压力（p_c）、

临界增压速率（R_c）推测的 $PTTT$ 关系示意图[99]

下角标 1、2、3 分别对应于温度 $T_1 < T_2 < T_3$

　　目前为止，对快速增压过程中亚稳相形成条件与时间之间关系的研究基本上是通过回收样品再表征对比的方式来进行的。但还有许多物质的高压相难以选择回收路径，或被认为是可逆的，因此期待在加压过程中原位测量和表征技术（特别是同步辐射分析技术）的发展。这里需要说明：快速增压过程已不属于静高压实验范畴，只是为了说明高压相变与时间的关系，才在此处简单提及，详细内容可查看相关论文。

　　实际上，我们曾通过静高压下改变升温速率测量相变潜热的方法研究了亚稳相非晶硫的反常融化行为，并给出了非晶硫转变为液态硫的 $PTTT$ 相图[101]，结果如图 5-17 所示。尽管数据点不多，但已证明这种方法对研究相变动力学是行之有效的。

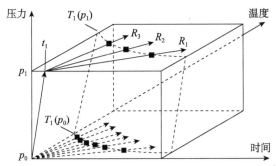

图 5-17　块体非晶硫向液态硫转变的 $PTTT$ 相图[101]

　　总之，对于亚稳相的 $PTTT$ 相图可以通过改变加压速率或改变升温速率去调查，若将实验的"动力学路径"表示在这种图中，还能更清楚地了解亚稳相形成的过程、条件与时间范围，以至于可设计回收样品的路径。

　　另外，多晶烧结体也可以看成是一种亚稳材料，多晶烧结过程也是一种与时间密切相关的过程，特别是纳米多晶材料对时间更为敏感。由于多晶体系的表面自由能较高，只要在高温高压下保持足够长的时间，多晶体都会朝着粒度逐渐增大的方向演变，以达到表面自由能尽量低的状态，甚至变成单晶，只是通过这种过程生成的单晶通常含有大量包裹体或缺陷位错。无论如何，要想合成出粒度符合目标且结构均匀的多晶烧结体，特别是细粒度的多晶烧结体，需要充分注意控制其烧结时间。

参 考 文 献

[1] 王竹溪. 热力学教程. 2 版. 北京：人民教育出版社，1978.

[2] Berman R, Simon F. On the graphite-diamond equilibrium. Z. Elektrochemie, 1955, 59 (5): 333 – 338.

[3] Berman R. Physical Properties of Diamond. Oxford: Clarendon Press, 1965: 371 – 393.

[4] Berman R. The Properties of Diamond. London: Academic Press, 1979: 3 – 22.

[5] Bundy F P, Hall H T, Strong H M, et al. Man-made diamonds. Nature, 1955, 176: 51 – 55.

[6] Bovenkerk H P, Bundy F P, Hall H T, et al. Preparation of diamond. Nature, 1959, 184: 1094.

[7] Bundy F P, Bovenkerk H P, Strong H M, et al. Diamond-graphite equilibrium line from growth and graphitization of diamond. J. Chem. Phys. , 1961, 35: 383.

[8] Bundy F P. Direct conversion of graphite to diamond in static pressure apparatus. J. Chem. Phys. , 1963, 38: 631.

[9] Hirano S, Shimono K, Naka S. Diamond formation from glassy carbon under high pressure and temperature conditions. J. Mater. Sci. , 1982, 17: 1856 – 1862.

[10] Irifune T, Kurio A, Sakamoto S, et al. Ultrahard polycrystalline diamond from graphite. Nature, 2003, 421: 599 – 600.

[11] Bundy F P, Bassett W A, Weathers M S, et al. The pressure-temperature phase and transformation diagram for carbon; updated through 1994. Carbon, 1996, 34 (2): 141 – 153.

[12] Decarli P S, Jamieson J C. Formation of diamond by explosive shock. Science, 1961, 133: 1821 – 1822.

[13] Trueb L F. Microstructural study of diamonds synthesized under conditions of high temperature and moderate explosive shock pressure. J. Appl. Phys. , 1971, 42 (2): 503.

[14] Wheeler E J, Lewis D. The structure of a shock-quenched diamond. Mater. Res. Bull. , 1975, 10 (7): 687 – 693.

[15] 苟清泉. 高温高压下石墨变金刚石的结构转化机理. 吉林大学学报 (自然科学版), 1974, 2: 52 – 63.

[16] 苟清泉. 人造金刚石合成机理研究. 成都: 成都科技大学出版社, 1986.

[17] 汪金通, 邵丙璜. 强击波作用下石墨转变金刚石的相变动力学. 物理, 1979, 8 (3): 205 – 211.

[18] 苟清泉. 高温高压下石墨变金钢石的结构转化率. 成都科技大学学报, 1983, 1: 11 – 17.

[19] Wentorf R H, Jr. The behavior of some carbonaceous materials at very high pressures and high temperatures. J. Phys. Chem. , 1965, 69: 3063.

[20] 小野寺昭史. 人造ダィヤモンド技術ハンドドブック. 東京: サイエンスフォーラム, 1989: 40 – 49.

[21] 若槻雅男. 人造ダィヤモンド技術ハンドブック. 東京: サイエンスフォーラム, 1989: 20 – 25.

[22] 樊洪业. 科学业迹的辨伪. 上海: 上海人民出版社, 1982: 38.

[23] Wakatsuki M. New catalysts for synthesis of diamond. Japan J. Appl. Phys. , 1966,

5: 337.

[24] Akaishi M, Kanda H, Yamaoka S. Synthesis of diamond from graphite-carbonate system under very high temperature and pressure. J. Crystal Growth, 1990, 104 (2): 578 - 581.

[25] Akaishi M, Kanda H, Yamaoka S. High pressure synthesis of diamond in the systems of grahpite-sulfate and graphite-hydroxide. Japan J. Appl. Phys. , 1990, 29: 1172.

[26] Akaishi M. New non-metallic catalysts for the synthesis of high pressure, high temperature diamond. Diamond and Related Materials, 1993, 2 (2 - 4): 183 - 189.

[27] Arima M, Nakayama K, Akaishi M, et al. Crystallization of diamond from a silicate melt of kimberlite composition in high-pressure and high-temperature experiments. Geology, 1993, 21 (11): 968 - 970.

[28] Yamaoka S, Akaishi M, Kanda H, et al. Crystal growth of diamond in the system of carbon and water under very high pressure and temperature. J. Crystal Growth, 1992, 125 (1 - 2): 375 - 377.

[29] Akaishi M, Kanda H, Yamaoka S. Phosphorus: an elemental catalyst for diamond synthesis and growth. Science, 1993, 259: 1592 - 1593.

[30] Kanda H, Akaishi M, Yamaoka S. New catalysts for diamond growth under high pressure and high temperature. Appl. Phys. Lett. , 1994, 65: 784.

[31] Hosomi S. Graphite-diamond conversion proceeded by the use of carburized cobalt solvent. Mat. Res. Bull. , 1984, 19 (4): 479 - 486.

[32] Hong S M, Akaishi M, Yamaoka S. Nucleation of diamond in the system of carbon and water under very high pressure and temperature. J. Crystal Growth, 1999, 200 (1 - 2): 326 - 328.

[33] Yamaoka S, Kumar M D S, Akaishi M, et al. Reaction between carbon and water under diamond-stable high pressure and high temperature conditions. Diamond and Related Materials, 2000, 9 (8): 1480 - 1486.

[34] Akaishi M, Yamaoka S. Crystallization of diamond from C-O-H fluids under high-pressure and high-temperature conditions. J. Cryst. Growth, 2000, 209 (4): 999 - 1003.

[35] Kumar M D S, Akaishi M, Yamaoka S. Formation of diamond from supercritical H_2O-CO_2 fluid at high pressure and high temperature. J. Cryst. Growth, 2000, 213 (1 - 2): 203 - 206.

[36] Sokol A G, Pal'yanov Y N, Pal'yanova G A, et al. Diamond and graphite crystallization from C-O-H fluids under high pressure and high temperature conditions. Diamond and Related Materials, 2001, 10 (12): 2131 - 2136.

[37] Yamaoka S, Kumar M D S, Kanda H, et al. Thermal decomposition of glucose and diamond formation under diamond-stable high pressure-high temperature conditions. Diamond and Related Materials, 2002, 11 (1): 118 - 124.

[38] Yamaoka S, Kumar M D S, Kanda H, et al. Formation of diamond from $CaCO_3$ in a re-

duced C-O-H fluid at HP-HT. Diamond and Related Materials，2002，11（8）：1496 – 1504.

[39] Wang Y，Kanda H. Growth of HPHT diamonds in alkali halides：possible effects of oxygen contamination. Diamond and Related Materials，1998，7（1）：57 – 63.

[40] Sun L，Akaishi M，Yamaoka S. Formation of diamond in the system of Ag_2CO_3 and graphite at high pressure and high temperatures. J. Cryst. Growth，2000，213（3 – 4）：411 – 414.

[41] Yamaoka S，Kumar M D S，Kanda H，et al. Crystallization of diamond from CO_2 fluid at high pressure and high temperature. J. Cryst. Growth，2002，234（1）：5 – 8.

[42] Sato K，Katsura T. Sulfur：a new solvent-catalyst for diamond synthesis under high-pressure and high-temperature conditions. J. Cryst. Growth，2001，223：189 – 194.

[43] Lv S J，Hong S M，Yuan C S，et al. Selenium and tellurium：elemental catalysts for conversion of graphite to diamond under high pressure and temperature. Appl. Phys. Lett.，2009，95：242105.

[44] 若槻雅男. ダイヤモンドをよく知るために：超高圧によるダイヤモンドの合成（1 – 4）. ニューダイヤモンド，1988，4（1）：40 – 43，4（2）：40 – 44，4（3）：40 – 43，and 4（4）：30 – 35.

[45] 闵乃本. 晶体生长的物理基础. 上海：上海科学技术出版社，1982.

[46] Strong H M，Hanneman R E. Crystallization of diamond and graphite. J. Phys. Chem.，1967，46：3668.

[47] Wentorf R H，Jr. Diamond growth rates. J. Phys. Chem.，1971，75（12）：1833 – 1837.

[48] Strong H M，Chrenko R M. Diamond growth rates and physical properties of laboratory-made diamond. J. Phys. Chem.，1971，75（12）：1838 – 1843.

[49] Liu X B，Jia X P，Zhang Z F，et al. Synthesis and characterization of new "BCN" diamond under high pressure and high temperature conditions. Cryst. Growth Des.，2011，11：1006 – 1014.

[50] Hu M H，Ma H A，Yan B M，et al. Multi-seed method for high quality sheet cubic diamonds synthesis：an effective solution for scientific research and commercial production. Cryst. Growth Des.，2012，12：518 – 521.

[51] Sun S H，Jia X P，Zhang Z F，et al. HPHT synthesis of boron and nitrogen co-doped strip-shaped diamond using powder catalyst with additive h-BN. J. Crystal Growth，2013，377：22 – 27.

[52] Sun S H，Jia X P，Yan B M，et al. Synthesis and characterization of hydrogen-doped diamond under high pressure and high temperature. Cryst. Eng. Comm.，2014，16：2290.

[53] Sun S H，Jia X P，Yan B M，et al. Synergistic effect of nitrogen and hydrogen on diamond crystal growth at high pressure and high temperature. Diamond and Related Materials，2014，42：21 – 27.

[54] Wentorf R H，Jr，DeVries R C，Bundy F P. Sintered superhard materials. Science，1980，208：873 – 880.

[55] Hong S M，Akaishi M，Kanda H，et al. Behaviour of cobalt infiltration and abnormal grain growth during sintering of diamond on cobalt substrate. J. Mater. Sci.，1988，23：3821－3836.

[56] Hong S M，Akaishi M，Osawa T，et al. Synthesis of fine grained polycrystalline diamond compacts//Messier R，Glass J T，Butler J E，et al. New Diamond Science and Technology (Proceedings of the second international conference，Washington，DC，Sept. 23－27－1990.) Pittsburgh，Pa.：Materials Research Society，1991：155－160.

[57] Hong S M，Akaishi M，Kanda H，et al. Dissolution behaviour of fine particles of diamond under high pressure sintering conditions. J. Mater. Sci. Lett.，1991，10：164－166.

[58] 洪时明. 溶液中金刚石晶体生长的第三种驱动力. 超硬材料工程，2005，59 (17)：1－5.

[59] Irifune T，Kurio A，Sakamoto S，et al. Ultrahard polycrystalline diamond from graphite. Nature，2003，421：599－600.

[60] 砂川一郎，ダイヤモンドの科学 (1－2). ニューダイヤモンド，1986，3：6－11，4：14－19.

[61] Hong S M，Wakatsuki M. Diamond formation from the SiC-Co system under high pressure and high temperature. J. Mater. Sci. Lett.，1993，12：283－285.

[62] Gou L，Hong S M，Gou Q Q. Investigation of the process of diamond formation from SiC under high pressure and high temperature. J. Mater. Sci.，1995，30：5687－5690.

[63] Luo X J，Liu Q，Ding L Y. Diamond formation from the B_4C-FeNiCo system at high-temperature and high-pressure. J. Mater. Sci. Lett.，1997，16：1005.

[64] Li L B，Jiang J C，Hong S M，et al. Diamond synthesis from a system of chromium-carbide and $Ni_{70}Mn_{25}Co_5$ alloy. Chinese Science Bulletin，1998，43 (24)：2063－2066.

[65] 李良彬，江锦春，洪时明. 碳化钒作碳源合成金刚石. 高压物理学报，1998，12 (2)：141－144.

[66] Li W，Kodama T，Wakatsuki M. Formation of diamond by decomposition of SiC//Trzeciakowski W. High Pressure Science and Technology (Proceedings of the Joint ⅩⅤ AIRAPT and ⅩⅩⅩⅢ EHPRG International Conference，Warsaw，1995). Singapore：World Scientific Publishing Co. Pte. Lte.，1996：222－224.

[67] 江锦春，李良彬，洪时明，等. 压力对碳化硅分解生成金刚石的影响. 高压物理学报，增刊 (第九届中国高压学术讨论会缩编文集)，1997：10，11.

[68] 江锦春，李良彬，洪时明，等. 从碳化硅和铁体系合成金刚石. 高压物理学报，1997，11 (2)：137－141.

[69] Li W，Kagi H，Wakatsuki M. Formation of cubic boron nitride from a mixture of Fe_3N and FeB // Saito S，Fujimori N，Fukunaga O，et al. Adv. in New Diamond Sci. Techn. Kobe：Scientific Publishing Division of MYU，1994，555－558.

[70] 李良彬，江锦春，洪时明，等. 利用氮化物和碳化物的高压反应来合成氮化碳的实验探索. 高压物理学报，增刊 (第九届中国高压学术讨论会缩编文集)，1997：13，14.

[71] Li L B，Hong S M，Jiang J C，et al. Reaction behavior of carbide and nitride in a metallic

solvent under high pressure and high temperature // Manghnani M H, Nellis W J, Nicol M F. Science & Technology of High Pressure (AIRAPT-17 Proc.), Honolulu: Universities Press, 2000, 2: 929 - 931.

[72] Lei L, He D W. Synthesis of GaN crystals through solid-state metathesis reaction under high pressure. Cryst. Grow. Des. , 2009, 9 (3): 1264 - 1266.

[73] Lei L, Yin W W, Jiang X D, et al. Synthetic route to metal nitrides: high-pressure solid-state metathesis reaction. Inorganic Chemistry, 2013, 52 (23): 13356 - 13362.

[74] Lei L, Zhang L. Recent advance in high-pressure solid-state metathesis reactions. Matter and Radiation at Extremes, 2018, 3 (3): 95 - 103.

[75] Akaishi M. Synthesis and sintering of diamond using fluid catalysts // Kamo M, Taniguchi T, Yusa H, et al. Advanced Materials '98: Advanced Materials Research Utilizing Extreme Conditions: Proc. 5th NIRIM Int. Sym. of Advanced Materials. Tsukuba: NIRIM, 1998: 43 - 46.

[76] Taylor W R. Stable Isotopes & Fluid Processes in Mineralization. Perth: Univ. Western Australia Publ. , 1990, 23: 333 - 349.

[77] Hong S M, Akaishi M, Yamaoka S. High pressure synthesis of heat-resistant diamond composite using a diamond-$TiC_{0.6}$ powder mixture. J. Am. Ceram. Soc. , 1999, 82 (9): 2497 - 2501.

[78] Hong S M, Kanda H, Gou L. Cathodoluminescence of diamond synthesized from SiC. Chin. Sci. Bull. , 1996, 41 (3): 208 - 212.

[79] Hong S M, Jiang J C, Gou L, et al. High pressure synthesis of thermally stable fine diamond crystals using silicon-carbide and an alloy. J. Matr. Sci. Lett. , 2003, 22: 257 - 259.

[80] 洪时明, 苟立, 刘清华. 碳化硅合成的金刚石微晶的抗氧化性. 人工晶体学报, 2003, 32 (2): 134 - 138.

[81] Mao H K, Hemley R J. The high-pressure dimension in earth and planetary science. PNAS, 2007, 104 (22): 9114, 9115.

[82] Wang W H, Utsumi W, Wang X L. Pressure-temperature-time-transition diagram in a strong metallic supercooled liquid. Euro-Phys. Lett. , 2005, 71 (4): 611 - 617.

[83] 洪时明. 高压相变与时间的关系. 高压物理学报, 2013, 27 (2): 162 - 167.

[84] 王竹溪. 热力学简程. 北京: 人民教育出版社, 1964.

[85] 冯端, 师昌绪, 刘治国. 材料科学导论. 北京: 化学工业出版社, 2002: 555 - 562.

[86] Yu P, Wang W H, Wang R J, et al. Understanding exceptional thermodynamic and kinetic stability of amorphous sulfur obtained by rapid compression. Appl. Phys. Lett. , 2009, 94: 011910.

[87] Hong S M, Chen L Y, Liu X R, et al. High pressure jump apparatus for measuring Grüneisen parameter of NaCl and studying metastable amorphous phase of poly(ethylene terephthalate). Rev. Sci. Instrum. , 2005, 76: 053905.

［88］Huang D H, Liu X R, Su L, et al. Measuring Grüneisen parameter of iron and copper by an improved high pressure-jump method. J. Phys. D: Appl. Phys. , 2007, 40: 5327.

［89］Huang D H, Liu X R, Su L, et al. Measuring Grüneisen parameter of lead by high pressure-jump method. Chin. Phys. Lett. , 2007, 24: 2441.

［90］陈丽英，刘秀茹，黎明发，等 . 一种直接测量 W-J 参数的实验方法 . 物理学报，2013，62（7）：079102.

［91］Chen L Y, Liu X R, Huang H J, et al. Measuring the isentropic compression curves and W-J parameters of tantalum and molybdenum via a pressure-jump method. Mat. Res. Express, 2014, 1: 025707.

［92］Chen L Y, Liu X R, He Z, et al. Measuring the W-J parameter of graphite via a pressure-jump method. Adv. Mat. Res. , 2014, 926 - 930: 154 - 157.

［93］Jia R, Shao C G, Su L, et al. Rapid compression induced solidification of bulk amorphous sulfur. J. Phys. D: Appl. Phys. , 2007, 40: 3763 - 3766.

［94］Hu Y, Su L, Liu X R, et al. Preparation of high-density nanocrystalline bulk selenium by rapid compressing of melt. Chin. Phys. Lett. , 2010, 27（3）：038101.

［95］Liu X R, Hong S M, Lv S J, et al. Preparation of $La_{68}Al_{10}Cu_{20}Co_2$ bulk metallic glass by rapid compression. Appl. Phys. Lett. , 2007, 91: 081910.

［96］Yuan C S, Liu X R, Shen R, et al. Preparation of thermo-stable bulk metallic glass of $Nd_{60}Cu_{20}Ni_{10}Al_{10}$ by rapid compression. Chin. Phys. Lett. , 2010, 27: 096202.

［97］Hong S M, Liu X R, Su L, et al. Rapid compression induced solidification of two amorphous phases of poly(ethylene terephthalate). J. Phys. D: Appl. Phys. , 2006, 39: 3684 - 3688.

［98］Yuan C S, Hong S M, Li X X, et al. Rapid compression preparation and characterization of oversized bulk amorphous polyether-ether-ketone. J. Phys. D: Appl. Phys. , 2011, 44: 165405.

［99］Wang M Y, Liu X R, Zhang C R, et al. Compression-rate dependence of solidified structure from melt in isotactic polypropylene, J. Phys. D: Appl. Phys. , 2013, 46: 145307.

［100］Turnbull D. Under what conditions can a glass be formed? Contemporary Physics, 1969, 10（5）：473 - 488.

［101］Zhang D D, Liu X R, He Z, et al. Pressure and time dependences of the supercooled liquid-to-liquid transition in sulfur. Chin. Phys. Lett. , 2016, 33（2）：026301.

彩　　图

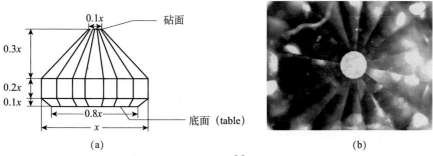

(a)　　　　　　　　　　　　　　(b)

图 3-1　（a）金刚石压砧形状示意图[6]；（b）金刚石压砧砧面实物图

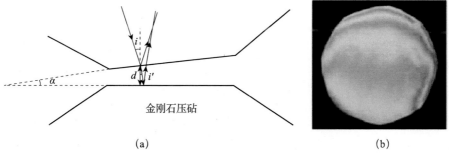

(a)　　　　　　　　　　　　　　(b)

图 3-3　（a）金刚石砧面间形成等厚干涉的光路示意图；

（b）金刚石砧面间的彩色干涉条纹图[12]

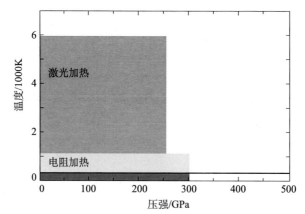

图 3-16 不同加热方法对应的压强、温度范围[77]

图中电阻加热的温度范围考虑了金刚石的热稳定性，详见 3.3.1 节

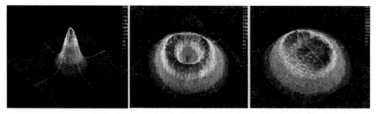

TEM$_{00}$模式　　　　　TEM$_{01}^{*}$模式　　　　TEM$_{00}$+TEM$_{01}^{*}$复合模式

图 3-20 不同模式的激光束端面强度分布图[85]